U0220778

Tectonism

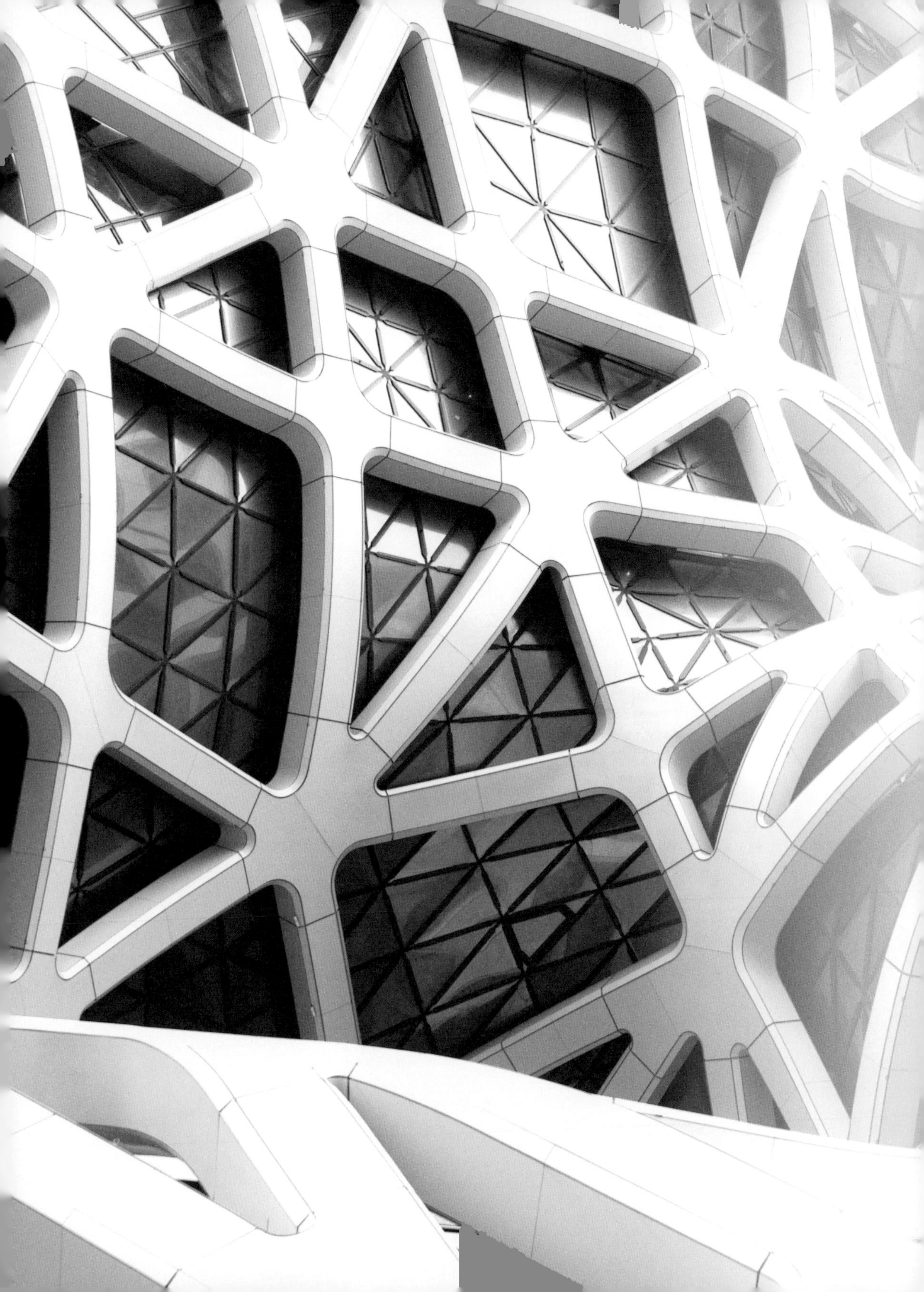

建构主义

21世纪的建筑学

[英] 帕特里克·舒马赫　著
(Patrik Schumacher)
闫　超　付云伍　译

广西师范大学出版社
·桂林·
images
Publishing

中文版序
从“参数主义”到“建构主义”的跃迁

必须坦陈，在看到这部新作的书名时，我的确是抱着怀疑和好奇的态度。作为数字建筑学的早期探索者之一，同时作为扎哈·哈迪德建筑事务所（Zaha Hadid Architects）的新一代掌门人，帕特里克·舒马赫（Patrik Schumacher）兼有建筑师和理论家的双重身份。舒马赫亲历了20世纪90年代的建筑数字化观念转型，也在千禧年后多元化的数字设计实践中扮演着重要角色。他广为人知的著作《参数化主义》或许为一种以参数化的形式创作奠定了理论体系基础，但在很多时候，他的参数化主义常被认为仅仅是一种形式创作的工具。除了它能赋予建筑形式美和动感之外，我们如何评价它在功能和性能上的表现，如何利用它解决建筑本应解决的问题，如来自社会的、经济的、结构的、性能上的多重挑战？只有明确了这些问题，我们才能得到一种不仅仅是基于形式的综合评判原则。与此同时，许多理论家和评论家倾向于认为参数化设计和建构之间有着不可调和的冲突，因为参数化设计对建筑结构、维护、表皮所涉及的严格的物质区分提出了挑战，甚至利用3D打印混凝土或塑料注塑成型技术直接形成了一种将结构、维护、表皮等不同层面的内容熔于一炉的液体/固体统一体。所以今天，当发现舒马赫写了一本以《建构主义：21世纪的建筑学》为题的著作时，我当然好奇他给出了怎样一种答案来弥合从参数化主义（parametricism）到建构主义（tectonism）的分野。

我也惊喜地发现，在本书中，他试图认真地对当代数字建筑理论与实践进行一次全新的界定、认知和思辨。在舒马赫看来，当数字化建筑发展到一定阶段，必须从先锋成为主流，数字化不应始终处于一种激进的创新探索状态，而是最终必须面向社会与文化议题，必须参与社会进程的建构，并给出建筑学答案。从之前的两卷巨著《参数化主义》到这本《建构主义：21世纪的建筑学》，舒马赫一直在试图回应当代社会最为棘手的两个问题：如何弥合后现代多元文化主义带来的城市碎片化，以及如何为后福特时代的创新型社会提供与之匹配的物质空间。前一个问题要求建筑风格的统一，后一个问题要求建筑形式的多元。正是面对这样一对相互矛盾的问题，舒马赫提出了他认为最具潜力的建筑学答案，即通过引入数字技术的生成潜力，在统一的算法逻辑和形式风格下实现空间的适应性和多样性。

当然，他最本质的跃迁在于他发展出了参数化主义的最新阶段——建构主义。正如他自己所说：“其核心仍是对参数化生成算法的应用，并创新性地集成了基于工程逻辑的各种找形技术，包括结构优化、环境工程，以及新兴的机器人建造等。这种将工程知识和优化工具应用到建筑设计初始概念和形式生成的做法，标志着设计理性的一次重大飞跃。”虽然这种建构主义的最终目的还是达成某种形式，但这种形式的依据已经脱离了纯粹的数字形态决定论，而将建筑学的众多重要的诉求考量在内，包括结构的优化、环境与可持续的考量，甚至如何应对人类的生理、心理需求，乃至对城市文化的积极回应，这应该被视作一种重要的进展。建构作为一种建筑学内生的动力和逻辑，也可以通过参数化的形式生成工具再次凤凰涅槃，浴火重生。从这个意义上说，建构主义作为参数化主义理论的 2.0 版本，将参数化风格与工程领域的前沿发展进行了关联，从结构、环境、人因、建造等领域汲取形式的养分，同时又反馈到形式的工程性能上。建筑在建构着社会进程的同时，也回应了当下的环境危机、能源危机等时代议题。如果说参数化主义是一种宣言式的激进理论，那么建构主义则指向一种更加可持续的建筑实践范式。

另外，就本书的风格和态度而言，舒马赫秉持着他一直以来宣言式的建筑学研究立场。他不愿意停留在多元化的、隐晦模糊的建筑学路径上，始终努力探寻着建筑学应为当代社会给出的“终极答案”。这种对“建筑真理”的诉求自后现代主义以来，在崇尚“相对正确”的建筑领域中是非常罕见的。这也使得他的著作能够成为一种风向标，你可以赞成或者反对，但你无法视而不见。同样值得一提的是，本书并非通常意义上的学术翻译与引入，而是从最开始便策划了中文版和英文版同时出版。舒马赫的理论始终和他大量的创作是密不可分的，尤其是扎哈·哈迪德建筑事务所在中国的大量实践项目对建构主义理论的产生也有着重要的催化作用，因此，中国的众多项目也成了见证乃至检验这些理论假设的重要元素，中国城市的特质和未来的潜力作为未来建筑学探索中不可或缺的一种范式，成为舒马赫新理论的一种潜在基因，也具有了生长的力量。

同济大学建筑与城市规划学院院长、教授 李翔宁

2022 年于上海

自 序

撰写本书的想法源于我获得2021年度“艺术之桥”年度设计师。“艺术之桥”是广西师范大学出版社旗下的一个致力于艺术、新媒体、技术和设计的国际交流项目。因此，本书从一开始就不是宽泛地指向全球所有建筑读者，而是更具针对性地面向中国建筑领域。相应地，本书从一开始便策划了中文和英文两种版本。总体而言，中国是全球经济发展中最重要的驱动引擎，其重要性更体现在对城市和建筑发展趋势的引领方面。中国正处于从基础的制造业经济（世界工厂）向先进的知识经济（世界研究实验室）转型的重大变革之中，这意味着中国城市的发展要求和解决方案对于全球前沿的发展同样具有借鉴作用。正是在中国，创新的步伐可以不断向前推进。因此，关于“何为主导21世纪的建筑风格”这个问题，也必将在中国呈现答案。

总体来说，本书的主题是关于参数化主义的。具体来说，本书指向的是一种建构主义，我认为这是最有可能成为21世纪统一建筑风格的一种候选风格。本书主题中隐含着一个次级观点，即当前由不相容风格所构成的，且尚未消解的建筑风格多元化是一个需要克服的问题，并不值得赞颂。这个问题关系到我们城市的统一性和连贯性。从福特主义（一种基于刚性机械大规模生产的经济）到后福特主义（一种以柔性定制作为服务供给的经济，其中涉及可再编程的机器和不断升级的软件）的历史性社会经济转变，破坏了现代建筑和都市主义中的天然连续性，并且催生了建筑学中最初的分裂趋势。诚然，现代主义不再可行，这种从统一范式分化为多元的探索轨迹最初也是一种自然的和必要的发展。然而，这一最初的理性认知在持续了40年之后早已不再具有意义。建筑学的分化已经持续了过长的时间，而且，一种与新的社会动态相适应的新范式在过去的25年里早已涌现，并发展成熟。建筑学之所以至今尚未形成这种新的、统一的可行范式——参数化主义——是因为建筑学语汇本身尚未成熟。建筑学内部的理论资源和对话没有做好充分准备，还无法反映建筑在被迫适应最新技术和社会变革的过程中所呈现的复杂性。我之前曾为了试图阐述这一问题，用一整本书建构了一个宏观建筑理论，并将其嵌入一种宏观社会理论之中。本书将以之前那本书中的论点作为前提。然而，之前那本书中的总体观念和关键论点——当代建筑学需要通过计算机辅助进行升级，以满足全新程度的社会复杂性和动态性所带来的挑战——在本书中也有清晰扼要的解释。因此，（即便没有前一本书作为基础）本书也应该能够独立完成其核心理论的建构。并且，本书中展现的众多复杂的建筑实践作品将同时成为建构主义理论的重要支撑。

帕特里克·舒马赫

2022 年于伦敦

目 录

绪 论

建构主义是一种极其前沿和复杂的当代建筑风格。迄今为止，这种风格仍鲜有令人满意的建成案例，并且其中大多数案例的尺度也相对较小。尽管如此，正如我们在这里所定义和阐述的，本书的主题——建构主义——呈现了一种21世纪建筑的未来趋势。本书对建筑学中长期存在的理性传统持乐观态度，也就是说，建筑学能够通过其语汇来识别和确定建构主义的优越性，并将其作为最佳的全球实践方式来传播影响力和冲击力。这种乐观同样指向了更广泛社会中的理性。无论委托人是私人业主、公共机构，还是广大市民用户，社会公众最终会受到建筑学专业术语的引导和影响。这种乐观并非空穴来风，而是基于对建筑历史的批判性分析和评估。20世纪20年代早期的现代主义者的先锋直觉，在坚实的理论及论据支持下，在20世纪30年代和40年代成了建筑学中的主流范式，并在20世纪50至70年代对全球建成环境产生了决定性的影响。虽然当前建构主义运动中潜藏的先锋直觉与现代主义截然不同，但正如本书内容试图证明的那样，它们也同样经过缜密的思考。

现代主义的现代建筑运动，可以被视为一场至关重要且十分成功的运动，它对现代工业文明发展做出了重要的历史贡献。然而，必须强调的是，这种贡献是历史性的。也就是说，现代建筑和都市主义对20世纪做出了有效的、积极的贡献，并不意味着对当前时代同样具有有效性。当下，现代主义在很大程度上已经过时，因为时代已经由于无处不在的计算性技术而发生了巨大的变化。这些变化既体现在社会对建筑的需求上，又关联着解决这些需求的建筑方式。新时代一方面需要新建筑，另一方面也使新建筑的涌现成为可能。这里，由技术引导的关键历史性社会经济变革是从福特主义转变为后福特主义。这种转变将工人从装配生产线中解放出来，同时也意味着经济可以不断地甚至无限地依靠创新进行发展。反过来，这也意味着当前所有的工作都可能成为在自我组织协作的网络中进行自我指导的创造性工作。对于当前城市的生活、工作，以及促进新生活模式发展的建筑设计而言，可以总结如下：当代生活的新复杂性、可塑性和动态性要求建成环境具有与之相配的复杂性、可塑性和动态性。

这种从福特主义公众社会到后福特主义网络社会的转变，恰如其分地反映了建筑学从现代主义到后现代主义、解构主义，再到参数化主义这种最能代表当下和未来的建筑风格的范式转变。参数化主义作为一个成熟的、普遍流传的标签，其实代表了一场更为广义的建筑学运动。这场运动自 20 世纪 90 年代中期便已经出现，并且影响力不断增强。我在 2008 年正式提出了“参数化主义”这一术语。参数化主义的现象、起源、理论基础、发展进程和相关优势将在本书中进行解释。当前，建构主义运动及其范式可以归为总体参数化主义的附属物之一。建构主义是对褶皱形态学（foldism）、仿生形态学（blobism）和集群形态学（swarmism）等参数化主义初期阶段的本质逻辑的延续和完善。建构主义不仅涵盖了当前参数化主义运动中最前沿和复杂的议题，而且还与一系列新的具体原理结合在一起。这些原理与参数化主义的本质原理完全一致，但又有清晰的自我特征，因此可以在参数化主义中定义一个新的附属风格。相对于早期版本的参数化主义，建构主义具有其独特的美学特征，并且可以被直观地识别出来。

参数化主义可以定义为这样一种建筑风格：建筑系统中的所有元素都具有参数化的可塑性，进而可以柔性地回应建筑内部变化、内部关联，以及外部适应等问题。整个过程通过算法编程和参数化模型实现，其中所有可塑性单元都集成在相互关联的网络中。建构主义是参数化主义的最新阶段，其核心仍是对参数化生成算法的应用，并创新性地集成了基于工程逻辑的各种找形技术，包括结构优化、环境工程，以及新兴的机器人建造等。这种将工程知识和优化工具应用到建筑设计初始概念和形式生成的做法，标志着设计理性的一次重大飞跃。

在这一过程中，建筑设计的复杂性和精密性也得到了巨大提升，因此这对于建筑师本身来说也是一次挑战。这种挑战既有技术上的，也有观念上的。建筑师必须耗费大量精力掌握这种极具难度的设计方法。当然，同样的情况也或多或少地出现在参数化主义的其他风格中。一般来说，参数化主义和建构主义都是复杂的建筑风格，需要启蒙、训练和大量的实践，其间将伴随着一条陡峭的学习曲线。然而，最近几年的经验证明，我们可以对技术的发展持乐观态度。近年来，为了方便专业人士学习和直观地使用数字工具，大量软件开发人员都在做着努力，并且已经形成了一个相关的行业生态系统，再加上在线视频媒体上大量出现的工具教程，为这一运动的发展打下了重要基础。同时，我们必须认识到挑战依然存在。当前，建筑院校必须从其追求个人主义和新奇性的艺术学教育范式转向更严谨的合作创新文化，以及重视量化研究的专业性教育范式，其中包含了对社会行为性能的量化研究。针对这一点，我正在研究一种基于代理元的空间使用模拟技术来量化和优化社会功能的设计方法。

这一宣言式的新风格及其相关设计方法，源于建筑学多年来的群体性设计研究和实验累积，并在专业的对话讨论中不断发展。对一种新风格的最初直觉判断和实验探索诚然需要具有艺术家一样的想象力和创造力，然而，对当前这种成熟风格的进一步阐述和实现则更需要科学家一样的严谨性和创造力。当然，这并不是说设计就是科学。设计，包括建筑设计，是一种自成一体的独特创作文化。

正如我在《建筑学的自创生系统论》（*The Autopoiesis of Architecture*）一书中所论述和阐述的，建筑与其他设计学科共同创造性地决定了人类现象世界的整体，即在社会组织中由整个建成环境和所有人工制品所构成的一个独特的功能系统。建筑和设计的社会属性在于以创新的方式建构社会交互和交流的“视觉—空间”秩序。随着全球社会的组织秩序和交互模式不断发展，与之对应的“视觉—空间”架构也必须更新，以保持两者之间的同步和谐，这便意味着设计学科需要不断升级。如果社会进步是以一种划时代的、革命性的转变形式出现，那么设计学科应借由一场颠覆性的变革参与其中，这也就是当前参数化主义所面对的机遇。如果说社会是在当前形成的划时代轨道上的进一步发展推进，那么设计学科也需要在一个已成熟的时代风格中进一步累积、迭代、优化和细化，为社会发展做出贡献。我认为这便是建构主义在 21 世纪上半叶的发展路径。

若在建筑和设计领域中探索（参数化主义之外的）另一种新的颠覆性变化，那只有在社会本身也正在发生转向和变革的情况下才有意义。然而，目前我没有看到任何其他新型社会转变的倾向。后福特主义网络社会的特征在不断强化，趋势在不断蔓延。退一步讲，目前建筑和设计领域也没有出现任何（参数化主义之外的）

具有革命性的新方法或风格。我认为当前几乎所有与参数化主义 / 建构主义竞争的建筑风格实则都是复古风格，是对传统范式的重新组合。这类似于我们经常在时尚领域中发现的循环现象：历史主义是一种自我宣称的倒退，极简主义是一种新现代主义的形式，最近也出现了对后现代主义的复兴。我们只能在参数化主义，尤其是建构主义中找到真正意义上的原初性创新。

在当代社会复杂性、差异性和动态性的语境下，只有参数化主义（尤其是建构主义）才能实现建筑和设计学科所必须履行的社会功能——通过组织物理环境来规制、表达、催生丰富多样且同步协调的社会交往场景。简而言之，设计架构出社会交往环境。在没有一个清晰的建成环境和人工制品系统（包括服装领域）的条件下，任何社会进程都无法有序地生发，这是所有人类文化形态的共性。建成环境的形成是一种社会信息的传递过程，它本身是一种有条理的语言表达。这种语言表达的当代版本必须依靠建构主义的语汇来实现。相对于这种雄辩的、赋予城市和建成环境以参数化建构含义的表达方式，所有传统建筑语汇都缺乏（当代社会）所必要的多样性和表达能力，这也是当代城市的人性化进程仍低于其潜力的原因。由于我们这里所说的经过设计的人居环境指向所有交流与交往行为的秩序和架构，因此所有基于图形、网络和虚拟现实的媒体环境也必然归属其中。针对人类的虚拟社交平台，用户界面（UI）和用户体验（UX）设计师的工作也应该属于设计学科范畴。他们与建筑师一起，正在应对着同样的挑战。参数化主义和建构主义将是所有设计人员的实践基础。为了展开探讨建构主义，我们需要建立一个语境，来把握当前所有设计学科的核心问题和关键任务。

建筑学的任务：设计作为社会秩序系统的环境

人居环境的空间秩序既是一个即时的物理组织的装置（apparatus），将社会行动者及其各自的活动相互分隔或联系起来，又同时构成了外部“社会记忆”的物质基础。这些记忆的“印记”最初可能是人在环境中经常发生某种活动的意外副产品。在这个过程中，人逐渐在功能层面上适应并熟悉着空间布局。装饰对空间布局进行区分、标记和强调，使空间本身更容易被辨析。最终，我们看到的是一个逐渐建立起来的，具有丰富含义的空间形态系统。当一个语义丰富的建成环境被生产出来后，它提供了一个差异化的系统架构，这些架构可以帮助社会行动者根据社会生活进程中的各种不同交往情境来自我引导。社会系统架构作为一个区分和关联系统，主要使用场所位置识别（相对位移）和场所形态识别（装饰性标记）作为社会信息交流过程的支撑。在社会人类学中，众多研究已经论证了这种社会和空间结构之间的关联性，同时论证了跨代际的稳定空间形态对所有社会的涌现、稳定发展和迭代演化都是至关重要的。只有在此基础之上，当新的空间物质基础出现时，突变、自然选择、繁殖的进化机制才能运行，人类的文化演进才有可能突破自然生物的限制，为所有进一步的文化繁荣提供可能。

建成环境通过空间分隔和连接的模式使社会进程有序化。然而，更重要的是，建成环境要投射出预期的社会交往场景。这一功能的实现倚仗社会行动者在设计环境中的定位和导航。建成环境及其复杂的地域差异，本身就构成了（或者应该成为）一个巨大尺度的、可导航的、信息丰富的通信界面。

当我们将人类“视觉—物质”文化的多样性与其他灵长类动物的视觉统一性进行比较时，我们会发现人居环境、人工制品，以及服装等物品的信息交流能力都十分重要。虽然艺术文化的多样性与人类语言的多样性是十分相似的，但是艺术文化之间或者语言之间不仅是迥然不同的，而且在很大程度上是不相通的，每种文化或语言都有着自己内部的丰富差异性。不过视觉艺术文化即是语言，一种视觉空间语言。对语言和视觉语言的研究属于一个共同的学科，即符号学（semiotics 或者 semiology）。

我们早期广义上所命名的艺术，以及我们现在所称的设计，是将人类群体与其他灵长类动物区分开来的关键。其中，包括世俗的和神圣的建筑与场所、工具、其他手工制品，所有通过服装、珠宝和化妆品进行自我身体再造的装饰艺术等。这些“艺术”化的自我再造实践是所有人类群体的普遍现象。

这种装饰化的实践也体现在所有的建筑和人工制品中。换用一种当代术语，装饰实践涵盖了所有设计学科。无论过去还是现在，这些实践的意义都是一种视觉标记，以此清晰地区分社会舞台、角色和身份之间的差异性，进而建立或维持社会秩序。这些附属物和标志使社会治理架构及其衍生的复杂差异性得以制度化，社会秩序不再依赖于针对等级制度、角色分化、财产权属等进行的持续不断的竞争性物质重构。通过建成环境和人工制品体系所实现的这种稳定性架构，社会秩序在尺度上的可扩展性极大地超过了灵长类动物的部落规模。其中，设计在这些符号学系统的细化和复制进程中起着重要的作用。

1. 第一前提：参数化主义

我在 2008 年首次认识到，一种全新且极具潜力的风格在 20 世纪 90 年代以来的先锋建筑运动中已日臻成熟。因此，为这种风格冠以恰当的名称也变得极为迫切。命名不仅可以使其被清晰地辨析，还可以使其在世界范围内得到广泛认知。在第 11 届威尼斯建筑双年展期间，我提出并阐述了“参数化主义”这一概念。从那时起，这一概念得到了广泛传播。最初，参数化主义在建筑学语境中遭遇了大规模的挑战与批判，但是现在它已经发展为一个广为人知的、成熟的观念。

本书的核心观点：参数化主义（以及由此而延伸出的建构主义）是建筑学在面对信息时代（后福特主义）的挑战与机遇时应做出的回应，这正如现代主义是建筑学对机械时代（福特主义）所做的回应一样。在后福特主义的信息社会，建筑学面临的挑战来自所有社会进程的全新多样性和高度内在关联性。在清晰可见、高度密集的社会集聚进程中，建筑学必须找到各种方法来应对空间网络的多样性，以及各种社会进程的相互套嵌和关联。同时，信息时代提供的机遇源于全新计算性技术的信息处理、设计、优化和建造方法，这些方法可以应对建筑面临的各种新挑战。（与这些新技术紧密关联着的）参数化主义是当代仅有的具有（技术）原生性的建筑风格，因此也是唯一能够以新机遇应对新挑战，从而为世界文明进步做出贡献的风格。由此可见，参数化主义可以被认为是唯一可能成为 21 世纪全球建筑风格的选项。进而，积极地实践并坚持这种风格显得尤为重要。

1.1 风格作为不可或缺的建筑学概念

建筑学和设计学中的风格是一种不可或缺的导向性分类方式。缺少风格的分类，建筑学语汇中的自我反思性和自我引导性就会受到阻碍。

对于建筑领域之外的公众，“风格”实则是建筑被关注和认知的唯一媒介。因此，为了使建筑学话语可以在社会中产生影响，也需要一种被命名的风格。

当前，我们面对的复杂问题是，各种与风格相关的概念在建筑学语汇中早已失去其核心地位。因此，参数化主义的宣言将同时涉及两种平行推进的观念运动：展现出一种全新且关键的建筑范式，同时重申风格的概念，将其作为一种有效的和生产性的建筑学话语导向和自我阐释。

我们需要捍卫风格概念的意义。这一概念的消失只会让建筑学语汇变得贫乏，也意味着我们放弃了建筑与社会进行沟通的关键途径。然而，若想恢复这个曾饱受摧残且几近枯竭的概念，我们需要运用智识化的当代术语对其进行重建。

阻碍这种重建的是当今建筑领域往往将风格视为仅与建筑外观相关的概念。风格往往与表面化、转瞬即逝的时尚混为一谈。尽管美学表现在建筑和设计中非常重要，但无论作为一个整体的建筑学，还是其风格议题，都不能简化为外观问题。风格也不应等同于时尚现象。因此，我们必须对风格的概念进行严格区分，并清除所有琐碎和无关的误读。本质上，风格代表着哥特、文艺复兴、巴洛克、古典主义、历史主义和现代主义等建筑时代之间的差异性统一。建筑学的历史性自我认知必须以风格概念的复兴为基础。风格可以将历史现象投射到未来，基于这一现象，我认为建筑风格应被理解为一种设计研究，其类似于不同的科学范式，架构着不同的研究方法框架。建筑和设计中的新风格类似于科学研究中的新范式：它全新定义了一种共通的群体实践的基本类别、目的和方法。建筑的创新是基于人们对建筑风格的理解而进行的，体现在风格内部的发展累积阶段和风格之间的颠覆性转变阶段的交替往复。风格的形成需要长期的、持续的创新周期，需要将分散的设计研究实践汇集到群体运动中，从而使个人实践相互关联、相互刺激并强化。

当前，风格概念的难题归根结底是术语选择的问题。我们其实可以用范式的概念来代替风格的概念。然而，范式的概念是从科学中借用而来的，而风格的概念是在 18 世纪末至 19 世纪在（建筑、艺术、设计领域）内部发展起来的。那时，风格作为一种文化比较和历史范畴的概念，与“时代精神”（zeitgeist）和文明阶段等语汇紧密关联着。同时，风格概念推动着持续了长达百年的，对与现代性相契合的现代建筑的有意识的探索。因此，这一概念起着关键的历史性和进步性作用，并且在当下和将来仍然会如此。风格不能简化为表面特征，使风格具有视觉可识别性的表面特征只是更深层次的表现性实质的产物。毕竟，我们通过形式来塑造功能，其中目的是功能，而不是形式本身，形式仅仅是实现功能的基础。

风格的形成，特别是它的扩散传播，最初是由对形式表现性的选择标准所驱动的。一旦某种标准建立起来，有意识的视觉模仿就成为一种稳定的推动力量，加速进一步的扩散传播。在视觉模仿中，会有一部分信息丢失，但大部分表现性特征可能会被保留下来。当然，尽管这种传播模式在某种程度上是必要的，但如果过多的本质信息丢失，破坏了某种风格真正的优越性和可信度，我们也需要以批判甚至反对的态度重新审视这种传播模式。

在建筑学内部，参数化主义和建构主义的出现，界定出并且进一步激发了一场先锋派建筑运动。这些概念可能有助于加速这场运动的发展，并通过促进群体性研究实践使其成为主流。至少这是我的希望和动力。作为一种回顾性的描述和阐释，参数化主义在经过持续 10 年的设计研究积累之后，已经证实了其合理性和准确性。这种风格在未来将进一步巩固其位置，并为从先锋运动向主流风格的过渡做好准备。我相信，在持续了 25 年的风格探索之后，参数化主义最终将为现代主义所经历的旷日持久的危机提供可靠且可持续的答案，参数化主义将是继现代主义之后的另一种大范围传播的建筑风格。我认为后现代主义和解构主义只属于一个过渡时期，正如新艺术运动和表现主义标志着从历史主义到现代主义的过渡一样。总体来说，对时代风格和过渡风格的区分是十分重要的。在过渡时期，可能会迅速涌现出一系列的多样化的风格，甚至是同时出现的多种相互竞争的风格。现代主义的危机和消亡催生出一个深远而漫长的风格过渡期，但我们有理由相信这种多元主义终将被一种新的统一风格所主导和替代。当代，我们正在目睹这样一个统一的趋势。

除时代风格和过渡风格之外，我们往往还可以辨识时代风格衍生出的附属风格。这些附属风格或是一种平行变化，或是一种历史演化。无论哪种，附属风格都是对时代风格的进一步丰富和发展。在历史主义中，我们可以识别出新古典主义、新哥特主义、新文艺复兴风格、新巴洛克主义和折中主义。在现代主义中，我们可以区分出功能主义、理性主义、有机主义、粗野主义、新陈代谢派和高技派。所有这些现代主义的附属风格均遵循着现代建筑的基本设计原则：分离和重复。例如，（建筑）宏观系统分离出具体的子系统，每个子系统内又相互重复。后现代主义和解构主义通过呈现历史多样性，再通过无序的拼贴和叠加强化这些多样性，进而试图消解这种分离和重复的秩序。参数化主义可以在其新的范式和能力基础上，重拾并强化解构主义运动所做的尝试。参数化主义可以在一种复杂的秩序中创造多样性。其中，以分离和重复为特征的现代主义建筑秩序将被系统内持续分化又不断关联的参数化主义秩序所取代。在广泛的参数化主义范式发展进程中，众多附属风格将丰富并推进参数化主义向主流建筑风格演化。

这里，我们还需要将时代风格内部的发展与时代风格之间的发展进行区分。风格之间的发展意味着一种风格正在被另一种更优越、更成功的风格所取代，因此这一进程从来都不是平滑的。所谓风格的优越性和成功指的是什么？我们可以将从一种主导风格到另一种主导风格的转变类比于科学领域中范式的转变。范式转变通常是由旧范式中的危机状态触发的，而这种危机通常伴随着新经验、新证据的涌现，旧范式难以对其进行阐释。就风格而言，旧的设计风格难以应对新出现的社会任务。因此，建筑风格的危机可以被理解为对当下社会环境不适应的状态。当社会环境迅速变化，当前建筑风格的作用方式失效时，就会出现这种危机。此时，一种新风格的优越性和成功在于其为新的社会问题提供了新的未来构想和解决方案，使建筑学跟上了社会发展的步伐。因此，优越性和成功意味着（建筑对社会的）重新适应。某些时候，先锋建筑会呈现出一种先验的预适应，这种预适应甚至可能反过来成为社会演进的催化剂。从这个意义上说，风格的发展可能是一系列的再适应或预适应，或两者交替的进程。

现代主义建筑的危机及其衍生的后果，再加上时代风格、过渡风格和附属风格之间差异的模糊，导致许多批评家认为我们的文明（当代意味着全球文明）再也不能形成统一的风格。哥特主义、文艺复兴风格、巴洛克主义、古典主义、历史主义、现代主义在建筑史上的演进进程及其深远影响是否就此终结？是走到了历史尽头，还是分支交错成复杂的轨迹？如果真是这样，我们是不是应该在多元主义的口号下庆祝这种分裂？

1.2 参数化主义对抗多元主义

目前，我们可以认为参数化主义比其他现行的建筑风格更具潜在优越性和成功的潜力。这意味着，参数化主义应该在建筑领域里普及，终结持续了太久的由意识形态惯性和现代主义危机造成的风格多元化。参数化主义的潜在优越性在于，它是唯一可以充分利用当代社会的计算性技术的建筑风格。更具体地说，它是唯一一种与当前基于计算分析和技术优化的最新结构及环境工程发展相契合的建筑风格。目前，所有其他风格都无法与新的智能工程产生共鸣，难以充分利用新型适应性结构和差异性构造提高效率。也就是说，其他风格在浪费这个机遇，同时也在浪费资源。

更重要的是，参数化主义不仅是唯一能够高效利用信息时代新技术的建筑风格，也是唯一能够充分解决信息时代新的社会动态问题的建筑风格。

只有终结风格的多元化，形成以参数化主义为主流的风格，建筑学才能像 20 世纪的现代主义那样，再次对建成环境产生重要的、决定性的、变革性的影响。我对于参数化主义的优越性及其实践潜力所持的观点，以及对建筑研究和设计实践进一步统一的呼吁和期望，都指向建立一个统一的，并可能成为 21 世纪主流风格的建筑范式。然而，这些观点和呼吁却往往遭到批判，被认为是狂妄的、强加于人的，甚至是对创造力的扼杀。事实上，参数化主义与这种偏见完全相反。参数化主义本质上是开放的，它仅仅试图走出古典主义和现代主义那些陈旧和固化的领域，以及后现代主义和解构主义等已经自我消退的领域。同时，它为新的创造性探索开辟了一个全新的、宏大的、无尽开放的领域。当然，我不能也不想强加任何东西。我在此沟通的目的是希望在一个只有通过群体会聚才能形成的运动中找到潜在的合作者。在这个过程中，设计实践的原则将以自下而上的方式涌现，进而可以在某种约束和指导下不断累积相关研究和创新成果。

多元主义的先验论者认为，所有风格都是同等有效的。但是我认为这只不过是一种安慰性的、错误的认知。无论多元主义本身，还是那些推崇风格多元化的观点，都是被个人计算机不断消磨和钝化的当代智识环境中的产物。这些观点往往更倾向于用婉转的话语去掩盖差异性的本质，避开对立的现实。由于对日益复杂的世界进行分析，以及对（不可调和的）风格的优缺点进行持续争论都是极为困难的，因此导致了所有风格都同等“有效”的假象。我认为这是一种可悲的，对智识和责任的放弃，这种现象在当今的智识环境中普遍存在。多元主义只有针对寻求转型的短暂过渡期才有意义，当竞争者们试图探索并竞相建立新的风格和实践时，每一种风格都值得普及。现代主义危机后的后现代主义和解构主义时期便是具有代表性的例子。然而，当多元主义本身被设定为一种永久的目的或价值时，它便会停滞不前。长久以来，多元主义者（如多元文化主义者）都过于“宽容”，试图给任何已经功能失调的复古风格或无意义的价值取向都蒙上一层苍白的看似具有智识性的面纱。我认为，这种对历史倒退的“容忍”是不可取的，即使对于那些正在坚持某种历史风格的建筑师和建筑专业学生来说也没有任何好处。多元主义（多元文化主义）观念在过去 20 余年里造成的偏见、洞察力匮乏、对探索尝试的畏惧，以及无处不在的习惯性保守，使得建筑学已经被远远抛在计算性社会文明的身后，甚至已经成了社会文明向前进步的最大阻碍。

对于社会发展来说，建筑风格并不是完全中性的。例如，不同建筑风格在促进生产力发展、社会繁荣和自由方面的表现是不同的。虽然不同建筑风格的实际效应需要通过建筑师（以及他们的委托人）在市场上的相对成功来检验，但是针对不同风格的预期效应同样可以从理论层面进行分析。对这种可能性的认知是进一步讨论的基础。

主流风格以及连贯、一致的建筑语言的存在，将促进建立环境的整体辨识性和全球适用性。建筑风格的多元主义与其所建立和表达的实质功能的多元主义之间没有任何直接关系。因此，风格的多元主义只会产生视觉“噪声”。与之相反，具有统一的“形式—功能”关系模式的主流风格的存在，将有助于建筑语言的符号化，从而有效地将建筑语言传达给公众，并引导公众。

一种永无止境的风格多元化可能意味着建筑学的发展停滞和与城市的脱节。建筑学讨论应该指向一个统一的结论，引导建筑领域朝着一个连续的方向发展，而不是让组成城市的无数建筑相互抵触、矛盾。统一的主流方法或普遍的全球实践并不可怕，实际上，这不是在扼杀，而是在解放真正的创新性和广泛的创造力。与之前所有的建筑风格相比，参数化主义兼顾着秩序性和自由度。我们应该对这一充满可能性和创新机会的全新领域持积极态度。参数化主义最贴切的类比是“大自然的无尽形式”，其中，丰富的生物多样性也是在严格的自然法则基础上进化而来的。由众多建筑积累而成的、复杂分层和相互关联的城市，可以被视为一个不断演化的复杂生态系统。这与现代主义的同一化发展模式是完全不同的，反而更像是一种不同物种和生命形式共同进化的生态系统。每一位建筑师对城市所贡献的新的干预都如同一个新物种的进化，在给定的城市生态中找到自己的进化路径和遗传编码，并根据这些路径和编码与整体环境相互适应、产生共鸣。这就如同当一种苔藓生长在岩层上时，苔藓在适应环境的生长过程中会逐渐让岩石上的浅层斜坡凸显。在这一过程中，被排除在外的应该是一种随机、刻意、武断的外部强加介入。这种介入就如同被扔进大自然的人工制品垃圾一样，破坏着城市不断演变的自然、复杂的结构。因此，我们需要做的是，通过函数算法的方式来协调设计中遇到的问题，使新的建筑与其环境能够产生共鸣，从而进行自然交流。然而，通过“放大”“倒转”“模仿”等方式，对现有城市或建筑进行转译和凸显，都仅仅是建筑师作为创作者的介入。虽然我们需要鼓励一个生态系统中的多样化，但是同时要防止当前多元化的产物阻碍城市的发展。

当今的建筑学是一种全球性实践。每一个新出现的建筑项目都会立即呈现在公众视野中，并与所有其他项目进行比较和评价。在这一背景下，全球性的趋同是有可能的。然而，这并不意味着同质化和单调性，而是意味着在建立一致的原理、目标和价值观的基础上，使得多样化的实践逐渐累积，相互关联，相互（积极地）竞争，为渐进式的发展创造条件。当然，这也不是鼓励由于相互误解和批判而显现的对立性，或者因为不断地争论基本原则而出现的历史性往复。这是一种统一风格的理念，源于一系列同源的先锋建筑研究，并最终进化成为一种包含了原理、目标和价值观的统一体系，指导着当今的全球性建筑实践。

1.3 参数化主义与社会进程

对于参数化设计和参数化主义的众多批评，都会聚焦于一个问题：参数化设计所带来的复杂几何形式和复杂空间构成与社会有什么关联？对于建筑师而言，这难道不是一种昂贵的、不加约束的自我实现，从而分散了他们对建筑的社会意义的关注吗？这是一个必须要回应的问题。为了回答这个问题，我们需要认识到建筑设计和城市设计的社会性本质，即构成各种社会进程的空间秩序。当代生活进程的高密度、多样性和网络关联性不断凸显，因此越发需要与之匹配的复杂空间构成，使各种各样的生活场景能够在彼此亲密并且相互认知的情况下展开。其中，当参与者在各种各样的生活场景中聚集在一起，并且在空间中能够定位和导航时，复杂空间构成才会发挥作用。这便需要建筑的“清晰表达”，而参数化主义建筑的曲线形态、梯度变化和交互共振等特性，可以更为有效地表达出网络化空间构成中所需的大量复杂关系。如果没有曲面、平滑过渡及渐变，复杂的城市场景就会退化为混乱、繁杂的视觉图像。当复杂的城市子系统可以与基于规则的算法脚本进行关联时，便可以在保持差异化的前提下组织城市体量、地形、车辆和行人流线等要素。在基于规则的设计过程中，每个子系统之间都可以通过线索相互追溯，进而增加了建成环境的信息密度。建筑师可能会在差异化的子系统之间建立起相互适应性和关联性。此时，不同的子系统便可以彼此成为“再现”，在城市环境中的行动者不仅可以根据每个子系统中的梯度（向量变化）进行导航，还可以从尚未可见和不可见的系统中推断出可见系统。例如，当城市体量的轮廓“再现”底层的地形时，便可以作为参照推断出相应的街道网络。类似地，在复合功能的建筑综合体内，差异化的结构系统也可能再现不同的功能分布。这时，一个复杂、有序、信息丰富的建成环境，便可能成为一种社会中永久性的信息传播和秩序建构工具，培育出复杂的社会协作进程。参数化主义的目标是构建这样一个严格划分又相互关联的环境。就像自然环境一样，我们可以从地形推断河流的走向；河流、地形和太阳方位催生了植物群落的差异变化；根据植物群落的分布又可以去推断动物群落的流动。同时，动物也可以通过认知、处理这些信息来导航和定位它们所需的重要资源。最简单的例子可能是细菌可以沿着营养分布的梯度变化找到最优的生长路径。最复杂的例子应该是人类可以在城市环境中浏览丰富的信息，其中蕴藏着各种通过应用参数化主义原理所构建的深层关系。我们应该能够像动物在自然环境中导航一样，在分布着各种社会资源的城市中进行导航。这涉及相同的潜意识认知过程，是一种“分心的状态”，而不是带有目的性地解读标识或阅读地图。整个建成环境必须成为一种360°的多模态信息交流媒介，因为在信息密集和复杂的当代城市环境中，导航能力已经成为当今整体生产力的一个关键方面。

参数化主义的设计方法将构建错综复杂的城市景观美学和独特的城市标识系统，而当前多元主义的城市化只会带来混乱的视觉感知、对环境方向的迷失，以及缺乏含义的“白色噪声”。因此，通过基于规则的参数化设计来增强建成环境的信息交流能力，是建筑的社会属性核心，即对支撑当代社会进程的交互场景和交流网络进行秩序的构建。

当然，不可否认的是，众多参数化设计建筑师仍然是在随性地探索，而不是带着明确的社会性目的去实践的。在许多成立不久的建筑工作室和建筑学院中，对新兴参数化工具的随性探索导致大部分设计成果没有呈现相应的社会相关性和社会贡献，因而也难以经受住外部的质疑。在参数化主义运动中，参数化设计方法在社会层面的实践已经成为一个迫切的、战略性的议程，必须明确提出并予以实现。只有这样，参数化主义才能持续保持其说服力。当然，我们也必须保护和鼓励那些对新工具、新技术和新实践的随性探索，在开放式探索、目的性实验和应用性实践之间保持平衡，持续创新和进步。

1.4 参数化主义的概念与操作性定义

参数化主义的概念可以解释为，所有建筑的元素和组织都具有参数化的可塑性。这表明建筑的基本组成元素发生了本质性的本体论转变。传统和现代的建筑学认知建立在理想（封闭的、刚性的）的几何图形之上，包括直线、长方体、立方体、圆柱体、棱锥体和（半）球体等。与之不同，参数化设计的原型是有生命的，是包含动态、自适应、交互等属性的几何实体。它们往往由样条曲线、非均匀有理B样条（NURBS）曲面和细分表面构建，并作为基本单元组成更复杂的动态形式系统，例如，“发丝形式”（Hair）、“布料形式”（Cloth）、“泡状体”（Blobs）和“元球”（Metaballs）等。这些动态形式系统可以对“干扰点”（attractors）做出反应，并通过脚本算法产生相互间的“共鸣”。

原则上，每个元素或组织形式的属性变化都会受到参数的控制，因此，处理这种可变性的关键技术是编写函数代码，进而在不同属性之间建立关联性。然而，尽管新的建筑风格在很大程度上依赖于这些新的设计方法，但这种风格不能简化为引入新的工具和技术。参数化主义建筑风格的本质是在形式和功能方面具有新的目的性和价值观，只是这些都需要借助新的工具和技术来实现而已。参数化主义所追求的是一个普适性非常强的目标，即在后福特主义网络社会中，回应、再现并组织日益多样化和复杂化的社会机制和进程。针对这一目标，参数化主义旨在建立一种复杂多样的空间秩序。其中，通过编写函数代码，将所有元素及其构建的子系统进行区分和关联，进而强化建筑本身各个方面的相互关联性，以及与建筑群和城市环境的外部连续性。最终，参数化主义通过区分和关联的原理提供了一种新的复杂秩序。

参数化主义的本质概念可以而且也必须由操作性原理来补充。我们需要将一种靠直觉建立的建筑风格转化为可操作的原理，以检验其猜想，并使其得以被系统化地传播普及，接受建设性的批判（其中包括参数化设计实践中的自我批评）等。

一种建筑风格的操作性原理必须包含一系列普适性的原则，用于指导建筑设计过程，使之符合风格的总体目标和预期品质。建筑风格不仅与对形式的认知和评价有关，还涉及一种理解和处理功能的特定方式。因此，参数化主义的操作性原理

古典 / 现代主义本体论（勒·柯布西耶）与参数主义本体论（扎哈·哈迪德建筑事务所）

同时包括形式原理和功能原理，前者的规则或原则用于指导对建筑形式的设计、发展和评价，后者则用于指导对建筑功能表现的策划和评估。

在这两个方面中，参数化主义的操作性原理通过制定“禁忌”和“建议”，具体说明了设计过程中要避免什么和追求什么。同时，这些原理提供了设计过程中自我批判和优化的参照标准。

对“禁忌”的回避和对“建议”的坚持为复杂的社会网络和多样化的社会秩序提供了空间基础。这些原则描述了在建筑设计中自我批判和优化的路径。建筑师可以通过对建筑元素的基本原型设置更多的变量（自由度），来增强其设计的连续性和复杂性，再通过原型单元组成序列或子系统，进一步构建空间形式的差异化。这种子系统之间的差异性可以根据组织变量的数量、所包含的分化范围、分化节奏，以及变化梯度的精细度来调节。在包含多个子系统的建筑中，各个子系统之间的关联会带来更多的空间可能性，每个子系统将与其他子系统直接或间接地相互关联。随着设计的发展，关联网络中涉及的每个子系统的外观或属性也都会不断增多。此外，在设计过程中，时常（经常是必要的）会在关联网络中增加新的层次或子系统，使其更加精细和复杂。最后，随着系统复杂度的增加，设计将会表现或回应更多或更大范围的（理论上是无限范围的）城市语境及其特征。因此，每一个设计步骤都有机会增加建筑的环境敏感性。参数化主义的设计原理指向并引导着一条不断强化设计的轨迹，以回应更多的设计任务。设计的强度、连续性、复杂性和美感总是具有进一步提升的可能性。随着关联网络的愈加细密，所有子系统及其分化轨迹都需要被理性地加以考量，因此每一个设计步骤也都变得更精细、更复杂。对于已经建立的复杂空间秩序，任何随意的介入都会对系统造成破坏。在后期高度演化阶段的复杂空间中新增任何一个元素或子系统，都会对建筑师的能力提出巨大的挑战，并且这种挑战随着设计的深入会越发明显。这种复杂的、

参数化主义的操作性原理

形式原理

消极原则（禁忌）	· 僵化形式（缺乏可塑性）
	· 简单重复（缺乏多样性）
	· 将孤立的、不相关的元素拼贴在一起（缺乏秩序性）
积极原则（建议）	· 所有形式必须是柔软的（智能：变化 = 信息）
	· 所有系统必须是差异化的（梯度变化）
	· 所有系统必须是相互依存的（相互关联）

功能原理

消极原则（禁忌）	· 僵化的刻板功能印象
	· 隔离式的功能分区
积极原则（建议）	· 所有功能必须源自参数化的活动 / 事件场景
	· 所有活动 / 事件必须是相互关联的

高度演化的设计会越发呈现一种必然性，一种准自然的气息。当然，设计本身仍然是开放的，并且不可能也不应该封闭。完整性和完美性这种经典概念并不适用于参数化主义，参数化主义复杂多样的秩序并不依赖于一种完整的形态，而是一种本质开放的组织。

参数化作为一种群体化的设计探索，其风格的一致性取决于对这些设计原则的坚持。令人欣慰的是，新一代年轻建筑师始终如一地坚持着这些参数化主义的原则，包括“禁忌”和“建议”，虽然这些坚持并不会一直显性地反映出来。任何缺乏原则的犹豫或妥协都会带来回归陈旧的、废止的观念的风险，都会破坏设计作为一种严谨的先锋探索的完整性。虽然最初会遭遇困难和阻碍，但坚持基本的设计原则才能创造前进和创新的机会。若缺乏这种坚持以及容许方法论失败的可能性，参数化主义便会陷入局部化的困境[1]。

在更加广泛的设计实践中坚持这些设计原则，是检验参数化主义普适性的必要条件。然而，除了对方法论的坚持之外，这样坚持绝对的一致性还有另一个重要的本质性原因。与之前的所有风格相比，参数化主义的表现性优势是基于原则的连贯性。依赖于统一的设计原则，参数化主义能在众多差异化和不相关的元素之间建立连续性和关联性。而只有这样，在日益多样化和复杂化的生活进程中，空间的感知定向和导航能力才能被最大化。参数化主义始终以信息丰富的建成环境作为设计对象。当所有建筑元素组成了不断分化的子系统，并且这些分化是理性的（算法化的）时，每个子系统的分化过程都是可检索的，并且与其他的分化过程相关联，最终，多样化、差异化的子系统便成了彼此的参照。在这样一个密集的关联网络中，许多系统之间（场所之间）的相互指涉，以及局部对全局的指涉都将成为可能。当然，需要强调的是，参数化主义所仰仗的普适性并不意味着单调或同质，也不意味着大部分城市设计必须由一个团队来完成，甚至不意味着必须在一个综合了个人意志的总体规划的控制下。参数化主义仅仅意味着城市中已经

1　设计原则已分化为先锋派和主流派，以便通过高风险的实验性项目跳出局部化的困境。先锋派的作用是建立一个安全区域，鼓励在其中进行高风险的实验性项目，并容许部分的、暂时的功能失调。

塑造的连续性不应该被非参数化的建筑师“随性”介入所破坏。参数化主义的连续性往往可能以大量的、不可预测的、多样化的方式呈现，但从来不会是随机或随性出现的。幸运的是，坚持参数化主义的建筑师群体正在日益壮大。参数化都市主义正在传递一种多彩且复杂的秩序，以往的建筑风格只会抑制当代社会的多样性，或者使其陷入视觉的混沌。

综上所述，包括查尔斯·詹克斯（Charles Jencks）等人在内的许多建筑理论家都认为现代主义的消亡带来了一个风格多元化的时代，因此，探索一种新的统一建筑风格是不合时宜的。根据这一观点，当今任何一种建筑风格只能是众多同时发展的风格中的一种，只能是在众多盛行的声音中增加一种不协调的声音而已。然而，风格的多元化主义观念如前面提到的，只是更为普遍的对风格的轻视和误读的产物之一。我们需要反对这种自我满足式地接受（甚至庆祝）表面上的风格多元化，并将之视为我们这个时代标志的趋势。一种统一的建筑风格必然优于分裂的状态，因此，参数化主义的目标是与其他所有建筑风格竞争，并最终成为当代主流的建筑风格。

后现代主义、解构主义或极简主义建筑的混合状态，只会破坏贯穿始终并持续发展的参数化主义的连续性。而后现代主义、解构主义或极简主义的都市主义本身又没有可以替代的、与之匹配的连续性。事实上，参数化主义可以在乡土、古典、现代、后现代、解构和极简主义所塑造的城市基础上进行修补，在任何既有的城市碎片之间以及之外构建一个新的具有关联性和连续性的网络。

1.5 风格之争：参数化主义与极简主义

当前，参数化主义必须与之竞争的风格是什么？仍然是查尔斯·詹克斯提出的那种风格多元化吗？事实上，后现代主义已经消失了，解构主义也是如此（二者的贡献 / 进展已被吸收，并催生了参数化主义）。事实上，当前主流的建筑风格已经回归到一种略带丰富色彩的实用现代主义形式上：一种融合并匹配了所有现代主义附属风格元素的现代主义的折中主义。由于后现代主义和解构主义未能形成一种新的范式，从而导致现代主义以两种风格变体的形式回归：第一种是极简主义，是一种现代主义的原则性甚至极端性再现；另一种是毫无规则的、实用性差的、散乱的各种现代主义变体，我们可以称之为实用现代主义。极简主义的发展尽管没有明确的理论输出，但是就像参数化主义一样，它也具有强烈的观念范式，最典型的例子是大卫·奇普菲尔德（David Chipperfield）的众多代表性作品。极简主义所坚持的禁忌和建议，与参数化主义所定义的原则一样明确。相比之下，实用现代主义在当今建筑领域几乎只能作为一个剩余范畴被辨识。实用现代主义包含了当今所有主流建筑实践。然而，这并不意味着“实用现代主义”一词可以被简单地忽视或贬损，其中包含了大都会建筑事务所（OMA）及其分化出的众多当代建筑师的杰出作品。尽管如此，在主流建筑风格的“竞赛”中，能够相互匹敌的仍仅仅是参数化主义和极简主义。极简主义是一种复杂版本的新现代主义。参数化主义与极简主义之间是一种前进式、仍未经检验的探索与一种倒退式的范式之间的对抗。极简主义范式虽然曾繁荣了 50 年左右，但是后来所经历的一场重大危机，证明它无法成为当代可持续的普适性建筑风格。

参数化主义关注的是一种普遍的有效性。参数化主义不能也不应被斥之为只适于“高雅”文化代表的、具有古怪特征的建筑风格。事实上，当代城市生活的所有瞬间都是独特的，只是这些独特的瞬间被架构在一种连续且有序的空间结构中。

扎哈·哈迪德建筑事务所近年来建成的作品不仅仅是实验性的宣言和探索，而且是在面对现实问题时所进行的高度性能化的实践。因斯布鲁克的系列火车站便是一个很好的例子。通过一种潜在的“基因”规则控制产生不同的形式变体，因斯布鲁克火车站在保持整体连贯性的基础上，针对不同场地条件呈现出适应性变化，这是其他任何风格都无法实现的。北京、开罗和首尔的一些大型项目也证明了参数化主义能够提供当代高性能生活进程所需的所有元素。参数化主义已经做好成为主流风格的准备，风格之争也已经开始。

山地火车站，因斯布鲁克，奥地利，
扎哈·哈迪德建筑事务所，2004—2007 年

山地火车站，因斯布鲁克，奥地利，扎哈·哈迪德建筑事务所（2004—2007 年）

东大门设计中心广场和公园，首尔，韩国，扎哈·哈迪德建筑事务所（2007—2014 年）

2. 第二前提：计算性工程

当今，结构工程科学已经从根本上改变了其本体论和方法论：从一种类型学范式转变为一种拓扑学范式。这意味着指导工程实践的范式将彻底被重置。基于体系类型的现代结构工程的形式理性在性能表现方面极为低效，而基于渐进式演变传统的古典结构工程的形式理性正在被当今新的认知范式所重新揭示。如哥特式大教堂，其结构形式通常具备更高的性能和效率，而在工程科学的计算性革命到来之前，这些潜在的优势是无法通过计算来验证的。除了汇总现代建筑中更具差异性和整体性的结构解决方案进行揭示和复原，我们还见证了当代计算性革命培育出的一系列全新的结构范式。这些全新结构的快速发展（其中在很大程度上是对多样化自然形式的模拟），与当代建筑设计的要求是一致的，即当代建筑设计需要更高程度的灵活性，以应对更复杂的社会语境。

我们生活在一个日益活跃和复杂的世界中，社会结构、社会类型和定位不断演变、扩散、交叉，而且相互融合成一种不断分化的社会状态。无论在休闲生活还是工作生活中，稳定的模式化印象都已然彻底消失，固化的结构和分层也已经让位于流动的网络关联。我们可以将其总结为：现代社会类型学已经让位于后现代社会的拓扑学[1]。

这种新的社会流动状态建立在一种物质基础之上，即第四次工业革命[2]越发普遍地使用数字化计算能力，通过越来越庞大的数据集，寻求更为精细定制的适应性产品和服务优化。这种新的社会生活进程也需要一种与之匹配的，具有同等差异性和流动性的全新建成环境。自然地，这种新的建成环境只能通过同样受到全新数

1　拓扑学最初作为数学概念意味着渐进式的差异和变形，因此，拓扑学含义的隐喻扩展可以作为类型学概念的“反概念”。

2　Klaus Schwab, “The Fourth Industrial Revolution,” （World Economic Forum, 2016）.

字化计算能力迭代的建筑和工程科学来实现。新的语境意味着每一个新的实践项目都必须具有高度的复杂性和创新性的特点，往往无法靠常规技术手段来实现。因此，在当今越发流行的研究型设计实践中，开发者、建筑师和工程师之间更加紧密的协作已经越发显现。

2.1 建筑与工程之间的协作与区别

针对建成环境的创新设计实践，设计团队往往是遵循着设计与工程的分界线而组建的。同样的分界线也存在于产品设计实践、时装设计实践等几乎所有设计实践中。就建成环境而言，虽然在工程领域内部已经划分出越来越多的不同专业，然而最为显著和重要的分界线仍是建筑与工程的二元划分。这条分界线是在过去200年的历史发展中逐渐产生的，并最终导致了两种截然不同的、自治的，甚至大相径庭的话语体系出现。或者更准确地说，根据我在建筑学的自创生系统论中建构的术语，即自创生交流系统[1]，建筑学和工程学（或者更普遍的设计学科与工程学科）构成了两种完全不同的实践领域。根据当前的明确定义，每个领域都有自己独特的任务、观念、方法论、价值观和评价标准。这些话语体系可以归入尼古拉斯·卢曼（Niklas Luhmann）的社会功能系统（Funktionssysteme）的范畴[2]。卢曼认为，现代（功能分化的）社会的运行本质是一系列自治的、自我指涉的封闭交流系统的共同演化，其中包含了经济系统、政治系统、法律系统、科学系统、艺术系统等。每一个自治系统都有其独特的社会功能，并在其各自的领域内具有专属且普遍的任务和职能。建筑学的自创生系统论的前提之一是，建筑学（与其他设计学科一起）构成了一个宏大的社会功能系统，正如卢曼对上述

---

1 Patrik Schumacher, *The Autopoiesis of Architecture, Volume 1: A New Framework for Architecture*,（London: John Wiley & Sons Ltd., 2010）.

2 Niklas Luhmann, Social Systems,（California, United States: Stanford University Press, 1995）; original: *Soziale Systeme: Grundriss einer allgemeinen Theorie*（Frankfurt, 1984）; see also Niklas Luhmann, *Die Desellschaft der Gesellschaft*, Vols. 1 and 2（Frankfurt am Main, 1998）.

其他社会领域所精确定义的那样[1]。这意味着建筑和工程之间的分界线要比设计学科内部或工程学科内部的划分更加显著。建筑学在某些时候可能会与室内设计、家具设计相融合，而室内设计、家具设计又可能演变成产品设计或时装设计。这里，学科内部的界限划分是一个关于程度和个体认知的问题，而它们整体的核心观念和价值标准基本是一致的。类似的融合状态也适用于结构工程和围护工程的区分，或服务型工程和可持续工程之间的区分等。同样，在所有工程学科中，观念和价值也是基本上相通的。相比之下，建筑 / 设计与工程 / 科学之间的界限便显得极为清晰且稳定。因此，我们也不应该期望在两者之间可以进行任何整合，相反，我们应该致力于进一步厘清并强化两者在各自不同领域的核心属性和评价体系。例如，近年来工程领域经常涉及建筑围护工程，其中工程师们也会时常参与室内表面的技术细节的设计，而这些方面在几年前往往是属于建筑师的专业领域。这从另一个角度也在证明，建筑学不可分割的核心属性仍然在持续凝练化。

毫无疑问，无论总体上，还是在建成环境相关领域，对高性能的不断追求意味着需要加强跨学科专家团队的专业性和协作化。然而，跨学科研究并不意味着学科界限的消融。虽然个人职业可能会跨越学科的界限，但是正确的跨学科属性要求在任何时候都要明确划分出有助于项目整体发展的不同专业能力。因此，我们在此提出的前提是一个双重命题，即建筑与工程之间同时保持最严格的划分和最密切的合作，作为建成环境进一步发展的先决条件。一种潜在的划分和合作方式可以假设如下：建筑学负责建成环境的社会性能；工程学科则负责建成环境的技术性能。一方面，技术性能是社会性能的基本前提，从这个意义上说，工程学科可能被认为是主导性的。另一方面，社会性能是建成环境的终极目标，在这个意义上，建筑学可能被认为是主要的。因此，两者之间不能归入一种等级关系，而是一种相互依存、辩证发展的关系。建筑学的目标必须在技术限定的可能性空间内探索。此时，工程研究发展将会扩大建筑学探索的可能性范围。当然，我们不能想当然地认为，如果没有建筑学目标的推动和启发，工程研究也会在关键的、有效的方

1　卢曼未能认识到建筑/设计所具有的独特话语体系和社会职能，他误把建筑归类为艺术体系中的一个门类。然而，在20世纪上半叶，艺术和建筑便已经（并决定性地）切断了它们之间的话语联系（建筑与艺术以前确实是统一的）。

向上扩展出可能的范围。反过来，当然，建筑学目标也可能会受到近期工程领域进展的推动和启发。最终，这两门学科在相互适应中共同发展。我们在当代参数化主义的先锋建筑风格和当代结构工程（数字建模、渐进优化和平滑区分）的发展之间已经可以看到这种亲合性。然而，我们也必须重视这样一个事实：对于建筑师来说，设计这些差异化的结构，是为了回应社会环境的差异化，通过差异化的组成元素建构不同的空间场景。亲合性并不意味着学科目的和属性的合并。

2.2 结构流动性：从结构工程中的类型学到拓扑学

数字革命为建筑带来了一系列强大的全新设计方法，也为结构工程提供了分析和计算的全新工具。新的数字技术在两者中催生出了一致的，对于参数可变性的兴趣。传统建筑和 20 世纪的现代建筑都是一种简单的柏拉图形式的组合，如长方体、圆柱体、球体和棱锥体等。当代建筑的主要特征是追求复杂且不断变化的形式，这为工程领域带来了巨大的挑战。这种流动的形式不能再通过离散元素及其之间清晰的结构系统来分析。结构工程在最基本的认知单元及其概念方面都产生了颠覆性变革。

不同于当代结构工程，传统和现代结构工程依赖的方法是将任何结构分解成清晰独立的结构子系统，进而分解成基本构件。每个子系统都遵循着固化的概念，如立柱、横梁、悬臂、门式框架、拱、板、筒形拱券、穹顶等。这是一种稳定的结构类型学，每一种类型都伴随着一个明确的、典型的几何模式，以及相应的负载、支撑和传力关系，每一种类型也都可以通过更细分层级的体系选择来进一步体现差异化，如梁可以细分为桁架、空腹梁或箱体梁等。在每个简单的细分系统中，受力情况也可以很容易地分析。之后，根据对特定节点的力学特征的认知，对各个细分系统之间的力学传递也可以清晰地描述和控制，进而可以逐步地揭示出整体结构的力学分布。这种清晰且明确的结构分解策略简化了结构分析的流程，但是在某种程度上牺牲了效率，并造成了结构的冗余。同时，这种分解策略也对每个细分系统之间的一致性提出了要求。在前数字时代极为有限的计算能力的技术条件下，系统的分解和子系统的统一都是降低结构复杂性的策略，并且与福特时代的工业制造系统之间形成呼应。

不同于上述现代结构类型学的方法，当代结构工程已经转向了对拓扑结构的关注，因此也可以匹配更新的建筑风格。当代建筑学的目的是打造差异性空间，并将差异性空间单元变形、组织成无缝衔接的连续统一体，从而需要避免任何分解为离散空间的做法，以及通过离散结构系统直接建构这些离散空间的做法。在传统结构工程中，对结构受力的分析和计算，要求以结构类型的清晰性和所有冗余节点的离散作为前提。然而，以有限元分析（FEA）为代表的新的结构建模技术，正在消解着梁、拱等结构系统类型之间的差异性。此时，我们见证着一种工程领域的本质性观念转变和范式转变。同时，这也是一种本体论的转变，因为它彻底改

密斯·凡·德·罗，皇冠厅，伊利诺伊理工学院，芝加哥，美国（1956 年）。该项目的主要结构体系类型采用门式框架作为独立的结构系统。一系列大跨度的门式框架——由次梁连接在一起——组成整体结构

变了构成一种结构的最基本实体。我想把这种转变称为从类型学到拓扑学的转变。同时，从结构计算的分解模式视角来看，这种转变带来的是，组织结构最基本的实体不再是构件，而是粒子。总体来说，结构工程的这种转变并不是由新的建筑风格引发的，而是源于结构科学在新的数字化计算能力的条件下，对结构优化内在逻辑的探索。

一种非常相似但又相对独立的转变也发生在建筑学中：伴随着新的数字化计算能力的出现，建筑学为了应对新的社会条件，得以探索更高程度的变化性和复杂性[1]。遵循着同样的逻辑，建筑类型学的理念（一种明确定义的空间类型的思维）也正在从当代建筑领域逐渐消失，尤其是在参数化主义的运动和风格中。事实上，“从类型学到拓扑学”是自 2008 年开始被命名为参数化主义的当代建筑趋势的早期重要观念之一。这一观念标志着当代建筑学与所有现代工程原则的割裂。伴随着诸如有限元分

密斯 · 凡 · 德 · 罗，新国家美术馆，柏林，德国（1968 年）。该项目采用一种 8 根立柱支撑的梁格栅结构，每根立柱上带有铰接头。在这两个例子中，现代结构原理都显而易见：不同的结构体系类型、统一性分解为离散构件，并在节点处控制负载 / 力的传递。同时，现代工程的另一个特征在这里也得到呼应：这些结构原理的历史合理性在很大程度上归功于福特主义的制造逻辑，即机械化大规模复制生产工字梁等标准化工业构件

析等新工程工具的出现，结构可以分解为粒子而不是构件，工程师便可以捕捉到结构力学分布的动态变化，而这些潜在的受力分布规律为建筑学和结构工程带来了无限可能性。

1　这里已论述得非常清晰，数字化计算技术的发明和传播一直是决定性的原始基础因素，不仅改变了建筑学和工程领域，还改变了其他所有专业，以及职业和社会生活场景，从而也成了全球性社会变革的基础。

例如，蘑菇状屋顶结构是不同于任何标准结构系统的类型。在此类结构形式的设计过程中，可以通过有限元分析的介入，在形式生成过程中综合结构反馈，针对应力分布和形变影响进行建模，而不再依赖于传统的差异化系列剖面。我们可以将之视为建筑迈向优化的第一步。这里，结构计算不会简化为寻找某种类型化形式尺寸的受力临界点，而是整体形式中的所有点都会计算出“临界”点。

独栋住宅项目的蘑菇状屋顶细节与费利克斯·坎德拉（Félix Candela）混凝土伞形屋顶类似（但前者更为复杂）。坎德拉曾经通过系列实验测试所实现的差异化屋顶厚度分布优化，如今可以通过有限元分析计算实现。

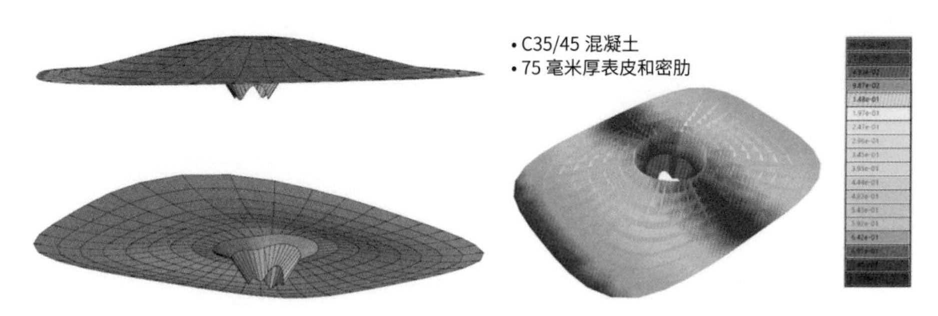

某独栋住宅项目的蘑菇屋顶细节，扎哈 · 哈迪德建筑事务所

“从构件到粒子”可以视为当代建筑的另一个关键宣言。当前，结构工程师可以分析混合更为复杂的结构系统。诸如有限元分析等工具可以处理结构局部之间密集、冗余的内在关系，同时不需要再切断和划分结构局部或子系统。这意味着我们可以通过建立一种内在互联的网络来优化结构效率。在这个网络中，各个结构局部可以协同工作，而不是相互保持独立。在新工具的辅助下，工程师可以实现结构作用力在建筑师提供的曲面上自由流动。这是一个结构流动的时代。

因此，显而易见的是，参数化主义的建筑风格与最前沿的（基于拓扑思维的）结构工程范式是一致的，而且参数化主义确实是唯一能够充分运用新工程智能潜力的建筑风格。

菲诺科学中心，沃尔夫斯堡，德国，扎哈·哈迪德建筑事务所（2000—2005 年）。该项目包含两种结构系统——主楼层的井式楼板和屋顶的空腹空间框架，二者通过可进入的巨型结构锥体相互关联。这两个系统都是非同质化的子系统，空间框架呈现更加微妙，也有更加显著的差异变化。结构网格线在两个方向上呈扇形分布，以适应整体屋顶的梯形形状。空腹空间框架的所有单元形状都是不同的，每个构件的轮廓也都根据不同的负载条件呈现差异化

作为一个早期案例，扎哈·哈迪德建筑事务所设计的位于德国沃尔夫斯堡的菲诺（Phaeno）科学中心展现了结构系统与建筑形式同步变化的潜力。在该项目中，我们可以看到井式楼板体系（waffle slab）演化出大跨度结构、悬臂结构和拱顶结构，并且跨度和悬臂的尺寸可以渐进式地变化。圆锥体支撑延伸、融合进井式楼板中，而不是在保持相互离散的状态下通过节点传递荷载。上层的三维空间框架呈现连续的差异化，空间框架内的每个构件都具有不同的角度（网格在两个方向上呈扇形展开），因此空间框架的每个单元都具有不同的尺寸。与之相呼应，每个构件也都具有不同的厚度和重量。显然，这种细微的优化只能通过计算机来处理。这里既涉及结构力学的计算，也涉及复杂几何的设计与建造流程。

为结构设计带来更高复杂度的是拓扑优化算法。拓扑优化算法是通过将有限元分析原理演变成演进算法，转化出其作为生成设计方法的能力[1]。这种算法的出发点通常是在简单体块上定义荷载和支撑点条件，进而借助有限元分析揭示初始条件下的应力分布，然后通过算法消除低应力的材料区域，之后在得到的新形状上再

实验结构以壳体作为基础形式，应用拓扑优化算法进行设计演化（模型和实物），扎哈 · 哈迪德建筑事务所计算设计部门，墨西哥城（2013 年）。这里的穿孔图案是对拓扑优化结果的几何有理化转换

次运行有限元法，再根据新的应力分布进一步消除低应力的材料区域，依此类推。当然，拓扑优化算法的初始边界形状本身也可以是一个具有一定复杂度和结构性能的形状，如通过网格松弛找形技术生成的壳体形式——扎哈·哈迪德建筑事务所计算设计部门（ZHA CODE）创作的实验结构便是这样一个例子。

拓扑优化算法的另一个典型案例是英国建筑联盟学院设计研究实验室（AADRL）的参数化塔楼研究项目。这个研究项目试图找到一种新的范式来替代结构的类型

---

1 X.Huang and Y.M.Xie, *Evolutionary Topology Optimization of Continuum Structures: Methods and Applications* (Chichester, United Kingdom: John Wiley&Sons Ltd., 2010) .

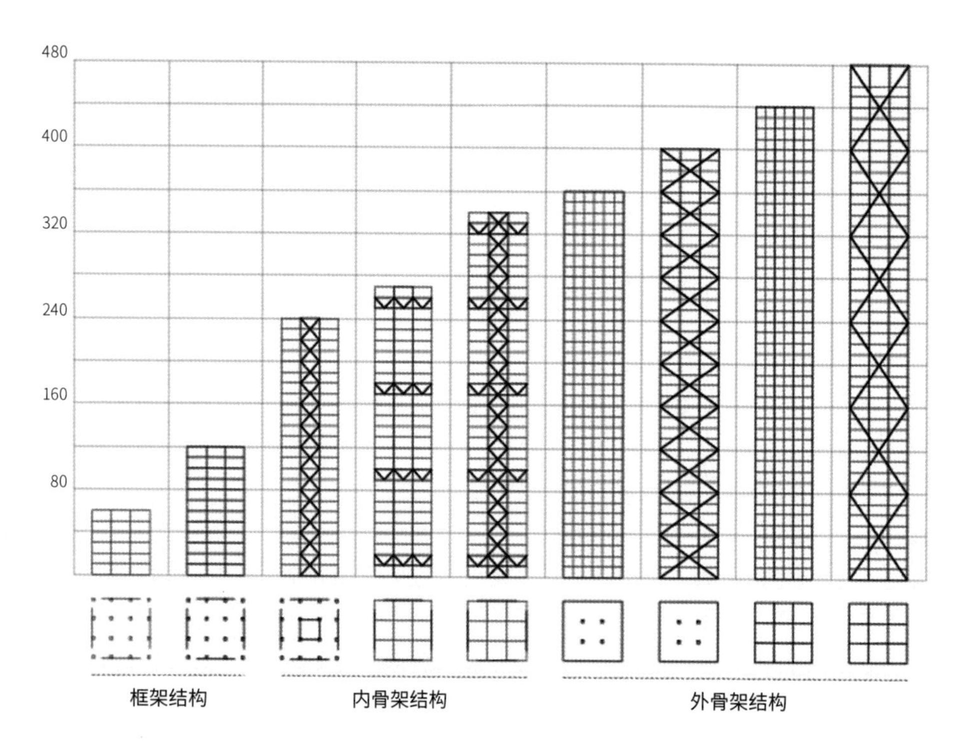

该图解阐述了塔楼建筑的现代结构原理。基于塔楼高度阈值，设置了一系列离散且同质的结构类型，包括框架结构、内骨架结构（伸臂桁架结构系统）、外骨架结构（筒体结构系统）。这一原理背后潜在的先验认知或假设是结构系统的同质性和离散性

学思维。传统范式是从核心筒框架结构、伸臂桁架结构、筒体结构等类型中进行选择，与之不同，这个研究项目在这些基本类型之上引入了一系列渐进式的“变化”，进而打破了类型之间的界限。在传统意义上，塔楼结构是一种单一化的统一体系，通常由建筑高度或长细比直接决定。也就是说，在一定的高度和长细比之下，框架结构便可以满足塔楼的稳定性，不需要核心筒或额外支撑。随着高度的增加，塔楼需要依赖一个核心筒作为稳定结构。如果高度和长细比超出某个范围，塔楼则将选择伸臂桁架系统，并且一般超高层塔楼会被设计为筒体结构。然而，这种设计范式的基础是将塔楼视为一个同质化的统一结构体系，其中塔楼结构在垂直轴上不会有任何本质性差异。这种系统一致性的先验性认知是应该被挑战的，并且我们应该认识到其中的不合理性。其仅存的表面上的合理性也是源于过往时代的逻辑而已，那个时代中拓扑优化生成的复杂化、差异化结构既不可计算，也难以建造。在如今的技术背景下，我们应该认识到这种结构系统的同质化实则导

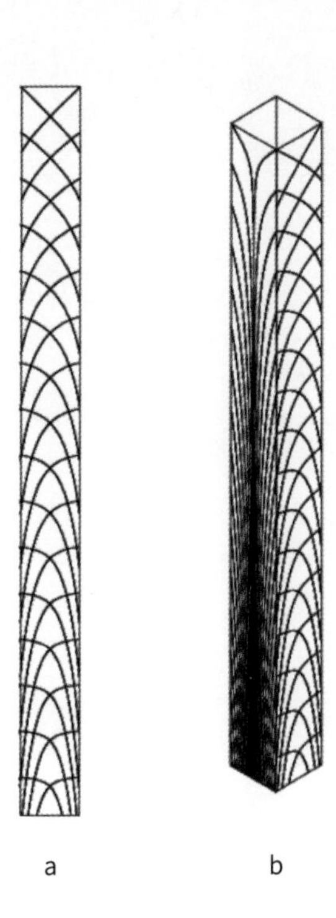

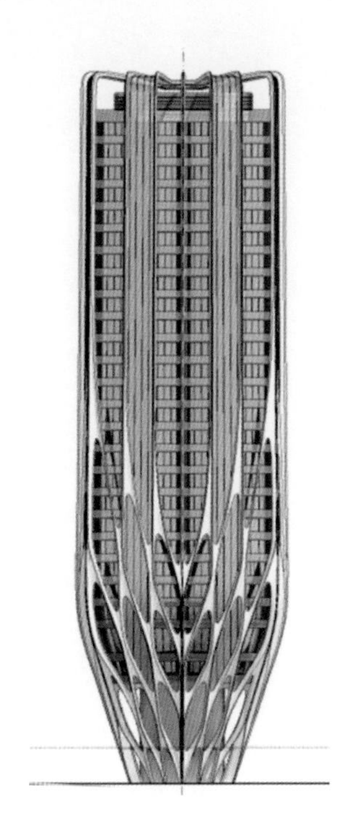

塔楼建筑外骨架研究，哈迪德工作室，维也纳应用艺术大学（2011 年）

布里斯班住宅塔楼框架研究，扎哈 · 哈迪德建筑事务所（2014 年）

致了巨大的浪费。根据塔楼的荷载传递和力矩累积情况，塔楼底部、中部和顶部的结构处理方式应该是截然不同的。在这个参数化塔楼研究项目中，塔楼底部根据力学需求设计成筒体结构，与上部区域的结构体系区分开来，从而实现了非常自由的功能差异性。无论从建筑功能角度，还是结构设计角度看，结构的同质性都不应再被默认为理想条件。这里也再次证明了建筑参数化主义和结构工程拓扑优化的契合性和一致性。

因此，现代工程理性的先验性观念忽视了塔楼建筑沿垂直向的结构差异性的可能性。如今，我们一方面可以在一种结构体系内逐渐改变结构形式，如左上图中 a 和 b 所示外骨架结构的形式变化；另一方面可以在不同结构体系之间进行渐进式的转换和融合，如扎哈·哈迪德建筑事务所的住宅塔楼方案，从塔楼底部的筒体结构逐渐转变为更简单的框架结构。这种差异性优化的可能性同时也揭示了现代结构理性中相对非理性的部分（结构低效）。

布里斯班住宅塔楼，
扎哈·哈迪德建筑事务所，2014 年

3. 从工程“灵感”到建筑风格：建构主义

近年来，参数化主义的推动者们越来越多地关注以弗雷·奥托（Frei Otto）的结构找形技术作为基本原理的设计方法论。这种新设计方法论的兴起主要源于越发普及的数字化物理引擎，其可以在数字环境中模拟类似于弗雷·奥托的物理模型实验的结构找形流程。当前，大部分此类工具都被封装成 Grasshopper 软件，包括 RhinoVAULT 结构找形工具（用于复杂纯压力壳体找形）、Kangaroo（用于类壳体或拉伸结构找形）等生形工具，或 Karamba（用于主应力线分析）等结构分析工具。当然，在设计流程中，分析工具往往也可以用于形式生成。甚至，结构拓扑优化工具也已在 Grasshopper 软件的工具生态中非常普及。所有上述工具为建筑师提供了一种快速的结构找形方法，能够直观地将力学逻辑引入设计中，探索符合结构基本原理，且能产生丰富结果的设计流程。近年来，类似的趋势也发生在与环境工程密切关联的参数化设计中，同时，智能建造的约束条件也逐渐开始被编入设计工具中，用于驱动设计发展。当各种基于建造和材料的几何约束条件被嵌入生成设计过程中时，建筑师便可以借助生成设计的开放性，探索建造约束条件定义下的多种空间可能性。扎哈·哈迪德建筑事务所计算设计部门已经开发了一系列定制工具来模拟特定建造过程的约束条件。

建筑师在找形过程中使用这些涉及工程逻辑的新设计技术，并不意味着建筑师已经成为工程师。事实上，这一趋势只是在重新统一自 19 世纪以来学科日益专业化所造成的知识割裂。建筑师在本质上是设计师，而使用涉及工程逻辑的生形工具正在开始促成他们与工程师之间的合作。尽管这些工具背后所蕴含的结构智能是一种工程科学的智能，并且最终的结构设计和安全性仍然仰仗工程师的专业知识，然而（在这些工具的辅助下）新一代建筑师开始以“原工程师”（proto-engineers）的姿态出现，将专业工程师推向其学科的最前沿，使他们参与参数化主义的探索。

这种新的工作方式催生出一系列新的建筑形态特征。由于新材料、结构优化方法和建造技术的多样性，新的建筑形态相对应地呈现出丰富性。然而，尽管这种新的形态学表面上呈现差异性，但是其本质上都遵循着一种独特的、精确的塑形过程，并且都共享着一种有机的错综性。归根结底，所有这些新的建筑形态都遵循着参数化主义的普适性，并进一步映射着基于工程逻辑的计算性生形范式。形式多样性的背后是一种精确性的、统一的操作模式。这种在形式层面可识别的统一性，加上方法论原理和价值观的统一性，定义了参数化主义中的一种特殊风格类型：建构主义。建构主义的建筑风格与自然界中丰富多样的所谓的有机自然形式一样，具有较高的辨识度。

建构主义意味着在建筑风格中加了一种基于工程逻辑和建造技术的生形和优化基因。这里需要明确的是，尽管建构主义依赖于工程逻辑，但它其实是一种建筑风格。事实上，风格的概念只在建筑学中具有意义，尽管风格不能完全被简化为视觉或外观问题，但是它必然指向的确实是可识别的视觉特征[1]。在工程科学方面，与之对应的术语是范式（而不是风格）。因此，我们从术语的角度阐明，结构工程领域的拓扑优化范式与建筑学的参数化主义风格是一致的，尤其与其中的建构主义风格完全契合。

目前看来，建构主义是参数化主义所推动的范式和风格中最成熟、最具影响力的子风格（亚风格）。纵观参数化主义的发展历程，我们可能会将建构主义与参数化主义的早期阶段区分开，如褶皱形态学和仿生形态学等[2]。与这些早期的亚风格形成鲜明对比的是，建构主义嵌入了一系列技术合理性，既保证了更高的效率，又保证了更高的形式严谨性，同时还能以足够的设计自由度，回应功能和环境中的议题。由于建构主义所遵循的设计原理具有内在的多元性和开放性，因此形式

1 For a full elaboration of the concept of architectural style(s) see Patrik Schumacher, “Architectural Styles” in *The Autopoiesis of Architecture, Volume 1: A New Framework for Architecture* (London: John Wiley&Sons Ltd., 2010) .

2 这些早期的亚风格仍然在实践中，就像在现代主义时期，早期的白色包豪斯风格与后期的粗野主义风格并行一样。

额外的严谨性也会伴随着额外的建构多样性，从而提供了广泛的形式可能性，使建筑师能够赋予每个项目以独特、可识别的特征。因此，在不去随性地创造形式的前提下，建构主义提供了比褶皱形态学、仿生形态学或集群形态学更具潜力的多样性。

尽管总体上建构主义仍然遵循着参数化主义对适应性差异化的追求，但与早期的参数化主义相比，建构主义中的形式差异化具有更加丰富的参数驱动和约束因素。这些驱动和约束源于建筑师现在可以通过上述结构找形工具在早期设计阶段引入复杂的计算性工程逻辑。

作为参数化主义的一种亚风格，建构主义与参数化主义中核心的社会属性也密切相关，其本质上同样映射着我们当代社会的流动性状态。参数化主义对流动性社会的回应，源于其功能的高度适应性和混合性要求将建筑精确地编织到复杂的城市场地中。这带来了不规则的复杂形式、相互渗透的空间、众多共存的关联性环境，以及渐进的空间转换等，也就是我们所说的，服务于社会拓扑结构的空间拓扑结构。

参数化主义具有一系列生形方法来塑造适应性建筑，以满足复杂的社会要求，同时在面对这些前所未有的复杂性时也能保持清晰的可读性。建构主义在这个基础上展现出更大的潜力：它可以在回应社会需求的同时实现对结构和环境的优化。此外，这种对结构和环境优化的诉求也必然带来了额外的形式易读性优势。正是这些工程逻辑的严谨性在整个形式生成的每一步中都强化了演进标准，进而构成了形式的一致性，而且还确保了形式变化的基本规则，使形式既具有复杂性，同时又可预测。

3.1 让工程逻辑“说话”

建筑学与工程学科的界限[1]源于建成环境的社会功能和技术功能的区别。虽然技术功能已经考虑了建筑物的物理属性、建造约束条件和物理性能等因素与居住者的物理性、生物性身体的关联，但是建筑学必须同时考虑建筑物的社会功能。建筑物的社会功能是对社会进程秩序的架构，其具体是通过空间组织实现的。当然，建筑物的社会功能只有通过居住者在空间组织中导向定位和发现彼此才能发挥作用。也就是说，建筑物必须以一种有序的导引性信息交流架构的方式发挥作用，因此，其中建筑物的外观和易读性至关重要。换句话说，除了空间组织之外，建筑学的核心社会功能还包括信息的表达。这里所说的易读性包括两个方面：感知触及和语义信息。因此，表达的一般本质分为现象学表达和符号学表达两个具体途径[2]。在工程化的设计逻辑中，在不断涌现大量可能性的设计过程中，这两个方面的信息表达便成了建筑师决策的关键依据。

符号学表达首先要以有效的现象学表达为前提。现象学表达通过将关键的功能单元（交互单元）置于感知的中心，从而将（日益复杂的）城市场景进行视觉“溶解”。这种对复杂构图的视觉“溶解”的关注，伴随着我们对曲线和曲面的兴趣。例如，壳体或者泡状体，可以不断聚集、相交或融合，同时仍保持着明确的、导引性的空间单元划分；壳体或者泡状体的尺度可以通过其局部的表面曲率大小显现在感知中；内部和外部的体验被编码为凹面和凸面，空间之间的重叠区域清晰地揭示了它们之间的构成关系。与正交或立方体单元构成的形式系统相比，此类空间的空间表达能力增强了建成环境的信息丰富性和易读性。这也是我们一直在利用壳体结构形式的建筑学意义上的动机。同时，壳体结构形式的结构效率自然也符合社会需求，这便意味着我们不必再与结构工程师对抗。当然，结构目的和建筑学目的之间的统一并不意味着两个学科的融合。在建筑学的逻辑中，我们是通过使

---

1 Patrik Schumacher, “The Necessity of Demarcation” in *The Autopoiesis of Architecture, Volume 1: A New Framework for Architecture* (London: John Wiley & Sons Ltd., 2010) .

2 Patrik Schumacher, “The Phenomenological vs. the Semiological Dimension of Architecture” in *The Autopoiesis of Architecture, Volume 2: A New Agenda for Architecture* (London: John Wiley & Sons Ltd., 2012) .

青岛文化中心，青岛，中国，
扎哈·哈迪德建筑事务所，2013 年

中国青岛文化中心，扎哈·哈迪德建筑事务所（2013 年）。现象学表达：通过使用壳体结构，提升功能单元及其内在关系的感知识别性。凸面、凹面及其曲度通常有利于对复杂场景进行视觉“溶解”

用壳体等凸面形式提升功能单元及其内在关系的感知识别性，通过使用具有不同曲率的凸面（和凹面）提供明晰的空间定向信息。在这一过程中，壳体结构生形逻辑对空间形态的控制刚好有利于建筑空间信息系统的建构。

而符号学表达则可以将显著的功能差异映射到显著的形态差异上，从而使形态差异表达出功能差异。在一定可变范围内的结构形式统一性可以被感知到，并引导人们在不同的单元形式中识别出功能的统一性。此时，建构主义中的构造表达使得工程逻辑可以通过一种建筑设计的视觉代码“说话”，该代码可以从一定变化范围内的结构形态集合中选择一个个子集，并将其编排成一种建筑学的语言，引导人们在空间中定位，并向他们传达空间的社会功能。我们需要清晰地认识到，建筑形式并不是在表达结构性能（大众对此并不感兴趣），而是在表达空间的社会功能，同时在强化这些功能。空间形式的表达才是建筑师的专属工作范畴，这会将建筑师与工程师区别开来。同时，由于工程师的工作是通过同样的建筑形式来确保其内在的物理性能，因此建筑师和工程师之间又必须紧密地合作：建筑师与工程师截然不同的工作范畴指向的是同一个建筑形式结果。建筑师和工程师之间的这种合作必须在建构主义风格中变得更加紧密，这是因为建构主义旨在展示而不是掩盖和隐藏结构规律、建构形式和构造细节，并且将三者作为建立建筑空间信息系统的媒介，最终导向一种建筑的双重性，即同时映射出技术性能和社会功能。

3.2 显现与消隐

既然建筑空间表达可以独立于结构工程问题，通过形式本身向人们传达信息，建构主义所坚持的构造表达策略则可能成为建筑学表达的负担，这意味着建筑师的设计自由度和可能性均受到了限制。然而，当代结构工程的范围在快速扩展，这使得建筑师在建构逻辑的约束下仍然可以有足够的自由度对空间表达属性进行塑造。另外，各类分析性和生成性的数字化结构工程软件（物理引擎）越发普适化，可以辅助建筑师以更加直观的方式探索空间规则，同时保证结构性能得以满足。建筑师可以将各种符合工程逻辑的形态作为一种形式媒介，来组织、构建、描述和区分空间所表达的社会功能。在这一过程中，一方面要对所选择的符合工程逻辑的形态进行视觉显现（accentuation），另一方面要对其所含有的不相关技术特征进行视觉上的消隐（suppression）。简单地、未经任何筛选地对工程逻辑和建造特征进行强化，是无法提供空间易读性的，相反，可能会带来一种空间体验上的视觉混乱，尤其当数个工程议题本身也存在矛盾时更是如此。建筑师需要通过一定的美学原则将不同的构造表达组织在一起。建筑空间的视觉秩序是建立在一种严谨的形式主义和美学原则之上的，建筑师会根据这些原则对工程逻辑的技术特征有选择性地进行显现与消隐。对建构表达的坚持，意味着建筑的形式主义在一定程度上源自工程逻辑。然而，当我们将建构表达作为一种建筑策略时，还需要有选择性地将工程逻辑转化为形式规则。

我们对首尔东大门设计中心广场的表皮设计，很好地体现了技术特征的显现和消隐是如何在实践中发挥作用的。整个建筑表皮由铝制嵌板遵循特定的算法规则排布而成，算法将表皮曲率的平滑变化转化为嵌板细分的梯度变化。某一区域的曲率越大，其嵌板便越小，这一逻辑回应了铝制嵌板的建造约束。我们同时还使用了一种可不断重构的模具（一种针压机器）将铝制嵌板压成双曲形状。通过在曲率较大的区域布置更精细的曲面和更多的连接节点，使得表皮对曲面曲率的耦合度更高。然而，除了这种技术理性之外，基于规则的曲面细分还为建筑本身提供了更高的视觉可塑性和易读性。首先，疏密变化的嵌板细分再现出曲面的曲率变化，使建筑形体在视觉感知上变得更加明显，从远处和照明条件较差的情况下看也是如此。其次，对视觉可塑性的增强策略是利用曲面的等位线（iso）作为嵌板细分的参照。最终，细分曲线并非以额外的逻辑强加在建筑上，而是延续并且强调着曲面形态的流动性。

技术特征的消隐在设计过程中也起着同等重要的作用。由于该建筑的主要空间不需要采光，因此建筑在整体上呈现较为封闭的状态。然而，在为辅助空间设计开窗时，为了不让洞口形式破坏整体曲面形式的流动性，我们决定通过细节设计消隐开窗，使得平滑的曲面建筑表皮在开窗的位置不被打断。同时，通过在窗口表面的金属板上穿孔，又可以使空间采光的需求得到满足。此外，通过在窗口以外的部分布置同样的穿孔板，避免窗口和穿孔板之间形成直接映射关系，使得窗口的位置被进一步消隐。由于穿孔板在曲面表皮上遵循着一定程度的随机逻辑分布，这也进一步强化了建筑整体的有机表达。窗口的存在会破坏建筑形式的整体识别性，转移人们的注意力，从而忽视它们的功能属性。通过消隐窗口，建筑外表皮上的唯一开口被留作出入口，以最为明显的方式向人们传递信息。这种建构表达策略促成了快速、直观的定位和导航信息，以及建筑功能的高度易读性，最终成了建筑行使其社会职责的先决条件。

上图：东大门设计中心，首尔，韩国，扎哈 · 哈迪德建筑事务所（2007—2014 年）。曲面的嵌板细分遵循与曲率相关联的规则，既是一种建造工程逻辑的映射，也是一种现象学的建构表达策略，强调了建筑形式的可塑性特征，从而增强了其在感知层面的可触知性

下图：东大门设计中心，首尔，韩国，扎哈 · 哈迪德建筑事务所（2007—2014 年）。显现与消隐：嵌板细分遵循并强调着曲面曲率的逻辑，穿孔板的使用消隐了窗口的表达，维持了建筑复杂形体的整体可塑性表达

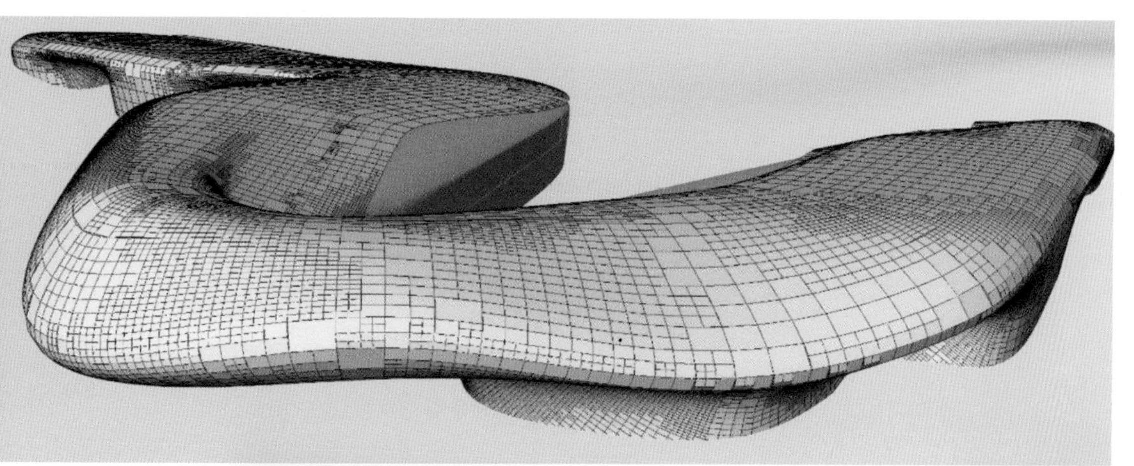

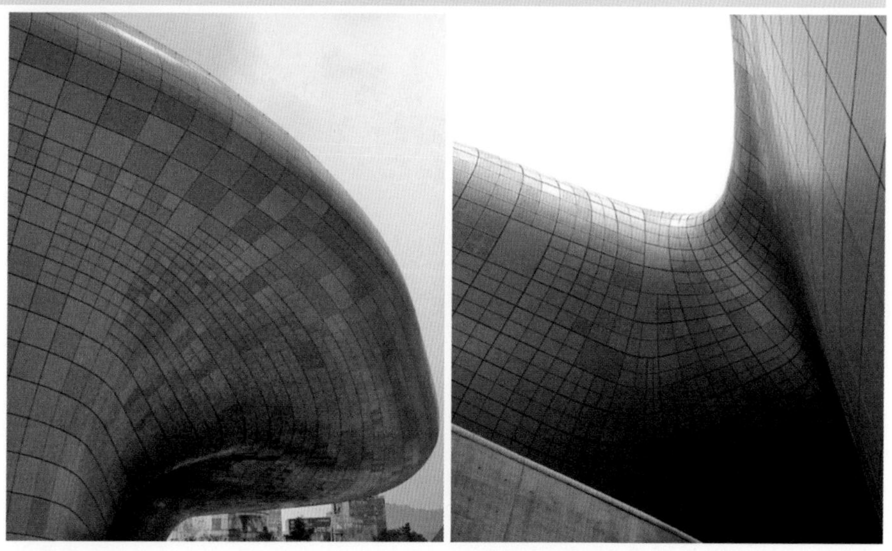

东大门设计中心广场和公园，首尔，韩国，
扎哈·哈迪德建筑事务所，2007—2014 年

3.3 建构表达

建成环境在技术维度和表达维度之间引出了一种普适性的建构学观念，这种观念可以理解为以建筑学的视角，选择并利用由工程技术驱动的形式和细节，传达出清晰、易读的信息，从而实现建筑在社会层面的沟通与交流。

我们在这里提出的建构表达的概念，指向的是一种策略性地利用工程逻辑中自然涌现的形态差异性进行建筑学意义的表达，其中包括了结构工程、环境工程，以及表皮建造工程等。

建筑史中的很多例子都展现了这种利用具有技术逻辑的建筑元素和形态特征进行表达或“装饰”的可能性。然而，我们需要理解“装饰”的工具性，装饰并不是对立于性能而存在的概念。相反，它是一种特殊层面的性能：交流性能。因此，（在建筑学意义上）一种技术高超的形态学也必须具有高效的表达和交流功能。

哥特式建筑拱顶形式的多样性和表现力显然基于一种结构驱动的规则，并将这种规则具象化，成为装饰性的建构表达，以传达出空间的特殊用途和庄严氛围。因此，这些建筑为我们建立关于建构表达的理论提供了完美的例证。扎哈·哈迪德建筑事务所一直试图学习并进一步发展这种具有表现力的结构范式，以实现建筑符号学表达的目的，如阿尔及尔总统府项目的设计便体现出这一探索。在关于工程逻辑的一章中，我们会对该项目做进一步的解释（见本书 4.2 节，以结构系统优化作为建构表达的驱动力）。

这类相关探索同时紧密关联着参数化主义的普适性，即建筑装饰所指向的是一种符号学的潜在表达功能，并通过这种符号学表达使得建成环境可以行使其社会职能。其中，建构主义范式和风格的核心，即建构建筑形式结构属性和符号属性（或交流属性）之间的协同作用。

与试图通过隐藏或混淆来对抗和否认技术逻辑的做法相比，这种将技术驱动的形态结果进行表达整合显然是更加“优雅”的方式。而由于当代社会的差异性对于表达的要求，这种做法显然也需要创造更加丰富的形式表达特征。其中，利用源

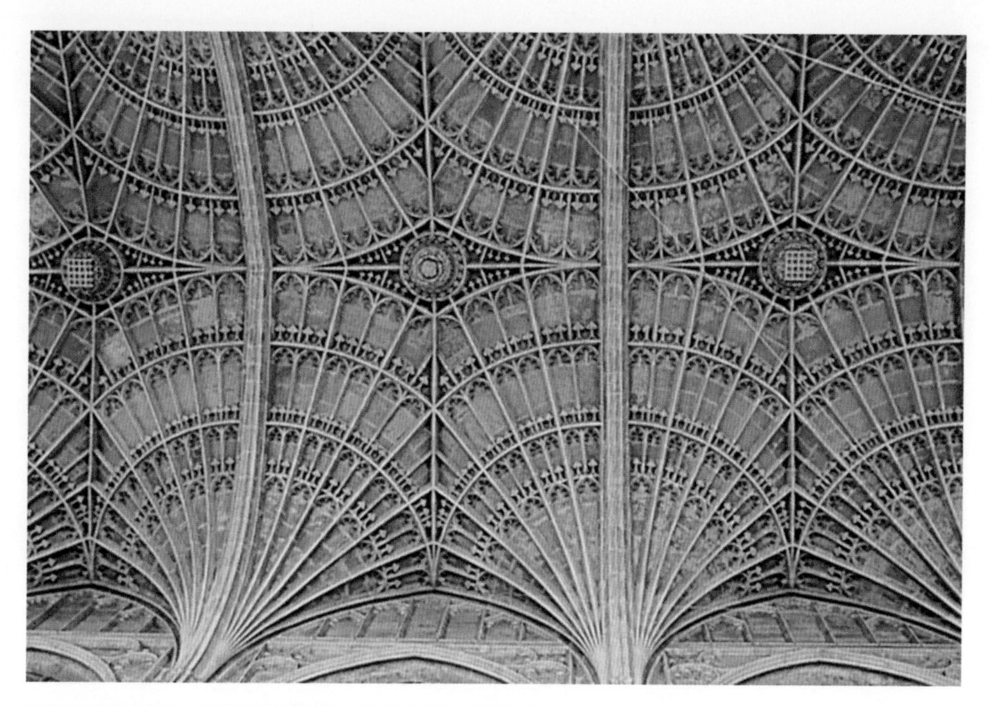

哥特式扇形拱顶，国王学院教堂，剑桥大学，英国（1446—1515 年）

总统府，阿尔及尔，阿尔及利亚，扎哈 · 哈迪德建筑事务所（2011—2017 年）

于技术逻辑的形态特征表达信息，不仅更经济，而且可以提高信息传递的稳定性。这是因为，形式的能指（signifier）已经成了技术索引，而不仅仅是一个可以任意添加的符号。因此，借用查尔斯·桑德斯·皮尔斯（Charles Sanders Peirce）的术语，建构表达是将“索引性符号”转换为“象征性符号”。在这一过程中，建筑师对于索引性符号的选择具有一定的自由度，可以选择性地将某些特征强化和系统化，成为有意义的建筑学符号系统[1]。在对建构表达的探索中，建筑师需要对基于工程逻辑的形式驱动过程进行引导和协调，然后选择最适合信息表达的工程范式，进而通过构建空间形态来实现建筑的社会功能。建筑结构体系的适应性和多样化、建筑物环境性能（建筑物如何回应光照、气流、气候等），以及相关联的体形特征和围护结构的适应性和多样化、源自建造逻辑（如嵌板细分）的适应性和多样化，为不同形式的建构表达提供了大量机会。因此，这样一个具有高度差异化的建筑环境将比现代主义的均质化和重复性空间更清晰且更易于信息表达。随着建筑学、工程科学，以及建筑实践中复杂计算性设计工具的发展，这种精细的建构表达的普适性也已经得到了极大的提高。例如，建筑结构形态在对其内部作用力的高度适应过程中，已经为建构表达提供了众多可能性。反过来，当代建筑对更复杂的空间秩序的需求，也被更复杂的、适应性更强的结构形式所支撑和强化。毫无疑问，这种共生关系需要具有创新能力的建筑师、工程师和建造方之间紧密合作。尽管建筑学仍然是一门不同于工程和建造的学科，但是通过与这些学科密切合作，获取基于工程逻辑的设计直觉，对于构建当代高性能的建成环境来说已经是越发重要的先决条件。当代建成环境将不再基于固有的类型学判断，而转向一种社会、空间和结构层面的拓扑学环境。

1　这一过程也存在某种缺陷。可被征用的表达特征具有一定的限制，因此这种策略可能无法满足较为复杂的建筑表达需求。

总统府，阿尔及尔，阿尔及利亚，
扎哈·哈迪德建筑事务所，2011—2017 年

4. 作为风格的建构主义：工程逻辑的表达性运用

当代计算性工程技术和数控建造工具的快速迭代，越来越明显地影响了先锋建筑设计、产品设计，甚至时装设计领域。当前，参数化主义的探索者们正在积极主动地试验这些新的数字设计和建造技术。当然，这并不是为了在他们主观的设计直觉和意图的基础上实现更好的作品完成度，而是希望在新的建造技术条件下探索新的设计可能性。

当前，工业机器人已成为一种通用的建造基础设施，众多建筑院校的实验室可以对具体的工艺和末端工具进行独立再开发。虽然从表面上看，建筑领域对于这些新技术的运用和探索会为建筑生产带来新的动力，但是本书想要论述的是，从潜在的、隐含的层面看，这些新技术的探索实则是对建筑设计方法和形态学的扩展，是对一种新风格的培育。对建筑师来说，建造效率的提升固然是一个具有吸引力的前提，但是在建筑学层面，这并不是最重要的动机——吸引建筑师对新技术探索的本质动力是新技术所带来的空间形态的可能性。

在当代建筑领域中，我们确实已经见证了众多建筑师对新形式、新风格的探索。同时，我们也正在见证一种新风格的形成：建构主义，一种基于工程和建造的找形及优化过程的建筑风格。

然而，建构主义并不是对参数化主义风格的背离。相反，在参数化主义的基本范式和普适风格下，建构主义可以被认为是目前最流行和最具发展潜力的附属风格（亚风格）。回顾历史，我们可以将建构主义与参数化主义早期阶段的风格相区分，如褶皱形态学、仿生形态学和集群形态学[1]。与这些早期的亚风格相比，建构主义

1　20世纪90年代接连出现了褶皱形态学、仿生形态学和集群生态学，并且它们已经合并。建构主义正在升级，它不仅仅是变化中的参数化主义。

在保持了设计自由度的同时，嵌入了一系列技术合理性，进而确保了更高的工程效率和形式严谨性。由于建构主义的设计原则具有本质的多元性和开放性，这种额外的工程规则自然会驱动额外的变化，从而形成了一个新的形式库，在不依赖形式创作的前提下，为建筑空间赋予创新的、独特的、可识别的特征。

尽管在宏观层面，建构主义所遵循的仍然是参数化主义对功能适应性和复杂性的诉求，但是在具体操作层面，建构主义比早期的参数化主义有着更丰富的驱动因素和约束条件。这些因素和条件主要源于越发复杂和强大的计算性工程逻辑。当前，建筑师可以在设计初期阶段使用结构找形工具（如适用于复杂受压壳体找形的 RhinoVAULT 插件）和物理模拟引擎（如适用于类壳体或拉伸结构模拟的 Grasshopper-Kangaroo 插件），还可以运用各类分析工具（如运用 Karamba 结构分析工具中的主应力线分析功能，也可以进行生成性分析）和优化工具（如 Millipede、Ameba、Peregrine、tOpos、Altair 公司的 OptiStruct 等结构拓扑优化软件）。在扎哈·哈迪德建筑事务所计算设计部门，我们正在编写自己的工具，让建筑师能够根据建造工艺（如用金属折板的曲线折痕，或通过 3D 打印混凝土模块装配纯受压壳体结构）来制订几何找形的设计方法，实现设计生成过程与建造、材料约束的直观耦合。

所有上述技术和工具催生出多样化的独特形态特征。同时，这些独具特色的新形式又仍都具有建构主义的识别性，以及参数化主义的识别性，因为所有这些技术和工具其实都遵循着参数化主义的本质方法，以及基于参数可塑性的设计观念。在早期的理论中，我曾论证，弗雷·奥托是参数化主义唯一的真正先驱。这一观点也同样适用于建构主义：弗雷·奥托及其研究机构的遗产对建构主义的探索者们来说是非常重要的资源。

值得注意的是，建构主义就像参数化主义的早期阶段一样，以建筑学作为核心，形成了一种跨学科的综合范式。

当前，许多参数化主义的领军人物都可以被归类到这里所定义的建构主义领域：阿奇姆·门格斯（Achim Menges）、马克·福恩斯（Marc Fornes）、法比奥·格

左上图：褶皱形态学，广州歌剧院，广州，中国，扎哈 · 哈迪德建筑事务所（2003—2010 年）

右上图：仿生形态学，银河 SOHO，北京，中国，扎哈 · 哈迪德建筑事务所（2009—2012 年）

左下图：集群形态学，霍恩海姆 - 诺德交通枢纽，斯特拉斯堡，法国，扎哈 · 哈迪德建筑事务所（1998—2001 年）

右下图：建构形态学，阿卜杜拉国王石油研究中心，利雅得，沙特阿拉伯，扎哈 · 哈迪德建筑事务所（2009—2017 年）

拉马西奥（Fabio Gramazio）、马蒂亚斯·科勒（Matthias Kohler）、菲利普·布洛克（Philippe Block）、马克·伯里（Mark Burry），等等。扎哈·哈迪德建筑事务所最近的一些作品，也在实践着建构主义的理念，其中结构工程、环境工程，以及建造逻辑在形态设计和建构表达中发挥着越来越重要的作用，代表性案例包括扎哈·哈迪德建筑事务所计算设计部门探索的各种实验装置以及蛇形画廊（Serpentine Gallery）（参见第 67 页图）、千号博物馆公寓（参见第 86 页）、最近完工的阿卜杜拉国王石油研究中心（参见第 97 页）等建成项目，还包括了目前正在规划的各种项目，其中运用了网状混凝土壳体、拉伸结构、外骨骼体系、铰接式木结构等工程技术。此外，还有一些非建筑的项目，如耐克（Nike）的萤火虫跑鞋（Firefly shoes）产品系列、ODLO 运动服等。这里，特殊的裁剪形式和针织纹理同样是由工程逻辑所驱动的，通过不同针织方向和弹性程度的设计（如梯度螺纹和穿孔机理等），起到对温度、水分，以及运动自由度的优化。同时，这些技术创新所伴随的美学表达也激发了我们对于时尚设计的探索和尝试。

4.1 历史先例

虽然我们视弗雷·奥托为参数化主义乃至建构主义的关键先驱，但是我们同样也需要认识到，包括安东尼·高迪（Antoni Gaudí）、费利克斯·坎德拉等人在内的其他先行者，也在这一运动的发展中发挥了重要作用。其中，高迪作为那个时代里十分激进的创造者，创造性地在众多代表性作品中运用了圆锥、直纹曲面等极为复杂的几何形式。例如，在巴塞罗那圣家族大教堂（Cathedral La Sagrada Familia）中，高迪利用双曲面模型塑造了极为复杂的拱顶形状，这在那个时代是前所未有的。另外，承载拱顶的立柱形式也十分独特：通过分叉并倾斜的形式，避免了在中殿外侧设置扶壁结构进行支撑。

安东尼 · 高迪的圣家族大教堂，巴塞罗那，西班牙（1882 年至今）

高迪未能见证圣家族大教堂完工，该项目在其去世后由他的传人们继续修建，再后来由一个工程师和建筑师组成的委员会负责建造。这个委员会中的一位建筑师是澳大利亚的新西兰裔建筑师马克·伯里，他对当代参数化主义及建构主义的发展做出了影响深远的贡献。当然，相比于圣家族大教堂的形态建构，高迪运用悬链线模型来定义拱顶几何形状的方法更为大家所熟知，也更具影响力。悬链线模型会在自重作用下与绳索、缆索或锁链的张力保持平衡，进而自行生成受力最优的悬垂曲线几何。在高迪的时代，这种方法往往用于吊桥的设计与建造，而高迪将这种方法引入砖石建筑的设计中，通过翻转悬垂曲线来定义受力最为平衡合理的拱形曲线。高迪开发了这种悬挂模型的方法，以模拟这种反悬垂曲线拱的复杂网络形式。一直未完工的科洛尼亚·古埃尔（Colònia Güell）教堂便是高迪用这种方法设计的。这里值得注意的是，科洛尼亚·古埃尔教堂与圣家族大教堂一样，均利用了非常规的复杂几何形式来提高结构效率。然而，由于巴西利卡（basilica）

安东尼 · 高迪的悬链线模型，科洛尼亚 · 古埃尔教堂，巴塞罗那，西班牙（约 1900 年）

式教堂的普遍形式传统，以及那时结构本身的材料和装饰特征，这种激进的、非传统的设计方法在某种程度上被隐藏起来了，并不是很容易辨识。从这个角度看，我认为高迪极具特点的作品不属于那个时代的任何建筑风格。然而，它常常被归类为新艺术运动的一部分——一种在 19 世纪历史主义和 20 世纪现代主义之间的，存在时间相当短暂的过渡风格。

左上图：费利克斯 · 坎德拉的百家得朗姆酒厂（Bacardi rum factory），图尔蒂特兰，墨西哥（1960 年）

右上、左下、右下图：费利克斯·坎德拉的圣维特森·保罗教堂，墨西哥城，墨西哥（1959 年）

之后在 20 世纪，西班牙 / 墨西哥工程师与建筑师费利克斯·坎德拉将双曲抛物面（hypars）运用到整体建筑形式的设计中，创作了一系列极具启发性的作品。同时，作为承包商的坎德拉曾规划、设计和建造了许多运用高强度混凝土壳体结构的作品。由于双曲面壳体的结构效率高，这种方式显著地提高了开发成本效益。因此，

左图：弗雷 · 奥托的索网结构，1967 年世博会德国展览馆，蒙特利尔，加拿大（1967 年）

右图：弗雷 · 奥托的索网结构，奥林匹克体育场，慕尼黑，德国（1972 年）

一方面，坎德拉的设计在工业建筑领域极具竞争力；另一方面，由于这些建筑的结构形态复杂且严谨，同时又往往具有优雅的姿态，所以也非常适用于教堂建筑。在那个时代，厂房和教堂成了坎德拉壳体结构作品中的两种主要类型。从风格角度看，这些作品表达出的非传统形式和无装饰的纯粹性与现代主义基本一致，尤其是作品中保持的纯粹平面几何、模块化和对称性，也印证了这一点。

在这条历史谱系中，德国建筑师兼工程师弗雷·奥托对传统建筑设计方式提出了更彻底的挑战。我认为弗雷·奥托是唯一一位同时代表了参数化主义和建构主义的先驱探索者。高迪的悬链线方法在弗雷·奥托的结构找形探索中得到了进一步的发展和拓展。弗雷·奥托通过引入自然生形原理和物理张拉模型，发展出一种具有普遍性的设计方法，来探索轻型结构的创新形式。为了系统地开展相关研究，弗雷·奥托于 1964 年在斯图加特大学创立了轻质结构研究所（当时我是一个大学生，在弗雷·奥托的教学中受益匪浅）。弗雷·奥托极具开创性的研究，将古典建筑和现代建筑的全部经典原理都抛在了身后，探索了一种全新的建筑形式，他的作品中呈现出的形式复杂性，无法用任何的传统建筑类型和秩序观念来定义。同时，我们又不能简单地将这些建筑形式描述为“自由形式”，因为这些形式都是通过严谨的结构优化过程而得到的。我们在参数化主义的语汇中，将弗雷·奥托开创的这种生形范式称为“材料计算”。

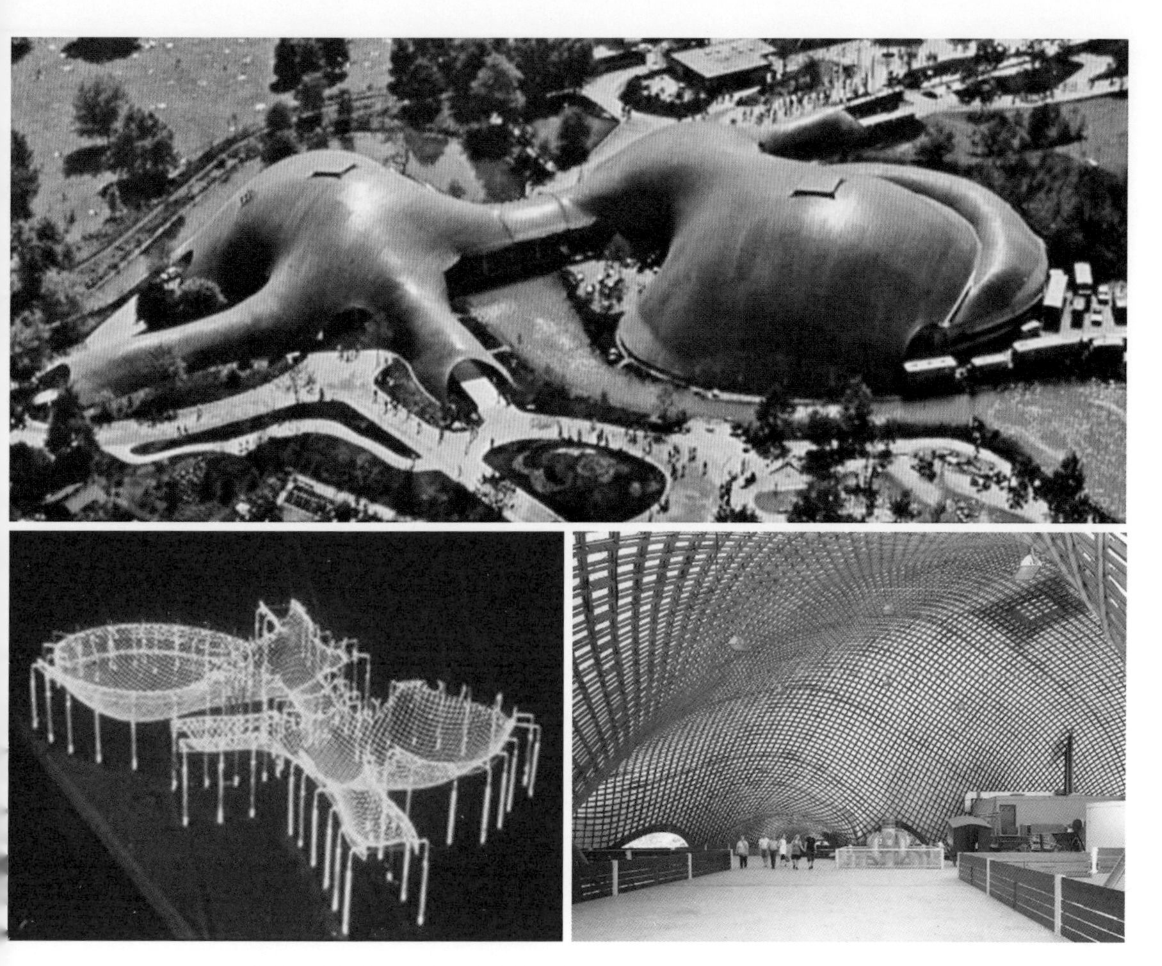

弗雷 · 奥托的轻质木网壳建筑，多功能厅外观，曼海姆，德国（1975 年）

如今，我们在算法形式生成方面进行的探索越多，我们就越能够欣赏弗雷·奥托等先驱们的作品。他们从材料结构形式的本质原则出发，实现了在我看来最为优雅的设计。在弗雷·奥托的作品中，我们看到了我们所期望的形式与空间的丰富性、连续性和流动性，是如何从错综复杂的力学平衡原理中涌现出来的。在当今数字技术的条件下，我们在弗雷·奥托的方法基础上做出了进一步探索，将环境逻辑和建构逻辑也包含进来，并且从材料计算转移到数字模拟，进一步拓展了我们的形式探索能力。

4.2 以结构系统优化作为建构表达的驱动力

在建筑设计实践中，“诚实”地展现结构可以非常有效地为不同建筑空间赋予可识别的特征和氛围。此时，工程和设计可能会以某种方式相互协调，其中设计过程将按照从空间组织到技术性能 / 物质化，再到表达这样一个顺序逐渐展开，而只有在技术性能 / 物质化的阶段，工程技术才会介入并被整合到设计中。我们知道，物质材料的空间组织（根据技术效率而决定的物质化组织方式）会产生出具体的空间形态，因此，在添加额外的材料“层”用于建构表达之前，我们首先要确定这种技术驱动的物质材料形态本身是否符合建构的诉求，这是十分关键的。当今，基于计算性的结构工程技术能够提供结构系统的参数变量和微分差异，这与基于规则的参数化主义方法和风格具有一致性和相通性。我们可以将根据应力调整构件尺寸的结构工程逻辑应用到建筑表达的策略中。例如，结构系统的规则化划分可以有助于在大型空间中建立内部秩序：空间的不同方向（纵向和横向）可以通过主次梁的走向表示；空间的中心和边缘可以通过梁的不同高度来表示，依此类推。这些结构特征可能会在一个巨大尺度、视觉上被分割的空间（如一个巨大的市场空间）中建立起导向线索。另外，在高层建筑中，被展现出来的建筑结构可以作为一种外骨骼系统，通过沿垂直轴的差异性，展现出从大空间到细分空间的梯度变化。此时，这种结构逻辑在视觉上被强调出来，从而在感知上变得可触及，并与功能系统相关联，即结构的表达可以反过来反映功能的分布状态。从大空间到细分空间的结构变化序列可能意味着从商业空间（大空间）到办公空间，再到住宅空间（细分空间）的规则化堆叠。我们在迈阿密一座住宅建筑的设计中，实践了高层建筑外骨骼结构差异性与功能空间差异性之间的相互映射（参见第 86 页千号博物馆公寓）。在这个项目中，建筑结构自下而上逐渐变得轻巧，从底层区域的三跨度结构逐渐转变为中部区域的两跨度结构，最终转变为顶部区域的单跨度结构。这种结构变化与功能的划分相对应——底层区域为每层 3 个居住单元，中部为每层两个单元，顶部为平层居住单元。建筑的外骨骼结构表达了建筑内部功能（居住单元类型）的差异化分布。

在前文中，我们概述并论证了基于计算的新兴结构工程方法，包括其中的普适性原则，以及结构系统如何作为建构表达的途径。这里我们将介绍扎哈·哈迪德建筑事务所的部分相关案例，通过直观的图像，展示一些具体的结构规则和相关工具

紫丁，临时张拉膜结构装置，蛇形画廊，伦敦，英国，扎哈 · 哈迪德建筑事务所（2007 年）

是如何介入建筑设计的。首先，我想介绍的一系列项目是受弗雷·奥托作品启发的张拉结构设计案例。值得提及的是，我们在张拉结构设计作品中，往往会尽量避免使用拉索。

紫丁（Lilas）是我们为蛇形画廊的年度夏季聚会而设计的装置。它由 3 个相似却又不对称的张拉膜结构体组成，像遮阳伞一样围绕空间的中心布置。该作品的灵感来源于自然界花瓣和叶子复杂的几何形式。每一个张拉膜结构装置都从一个细长的底座出发，逐渐向上生长、变宽，最终形成一个超过 16 英尺（约 5 米）高的巨大悬臂式遮棚。3 个像遮阳伞一样的张拉膜结构体部分重叠，却又相互不接触（构成了丰富的开放空间和封闭空间），让空气、光线和声音可以自由传播。紫丁被布置在场地中心低处的一个平台上，在白天，它的悬挑形式可以提供遮阳功能；在夜晚，它转换成一个光反射器，用来折射从底部发出的彩色光线。另外值得强调的是，夜晚的灯光会凸显出张拉材料之间的接缝。这些接缝是基于剪裁逻辑对三维复杂的曲面面料进行的切分加工，在灯光的照射下形成了脉络般的纹路，在揭示出装置本身的复杂几何构造的同时，也强调了优美的微妙形式曲线。

北蛇形画廊，海德公园，伦敦，英国，扎哈·哈迪德建筑事务所（2009—2013 年）

紫丁装置的成功促成了我们接下来完成的北蛇形画廊项目。北蛇形画廊（The Serpentine North Gallery）由两个不同的建筑部分构成，一部分是由 19 世纪传统砖结构建筑改造而成的（命名为 The Magazine），另一部分是以当代张拉结构完成的加建空间。砖结构部分被改造成画廊空间，而张拉结构则塑造了一个连接性的社交空间。张拉结构由 3 个相互平衡的系统组成，包括一系列向外倾斜的连续三维拱钢管、拱之间拉伸的张力膜，以及向上推起张力膜的立柱系统。其中，这些立柱在顶部张开，可兼作采光井。同时，立柱顶端用环形结构替代了常规的点状节点，分散了立柱负载。建筑整体采用马鞍面的几何形式，同样符合曲面内张力平衡和张力最小化的逻辑。

伦敦科学博物馆的数学馆是我们在伦敦设计建造的第 3 个张拉结构项目，主要采用了一种复杂流动的最小曲面形式。伦敦科学博物馆的数学馆汇集了大量的非凡历史事件、文物和设计，以突出数学实践在我们生活中的核心作用，并探索了从文艺复兴时期至今的 4 个世纪里，数学家及数学工具和思想是如何帮助人们建立现代世界的。在展览空间内，悬浮的环形结构将整个空间划分为不同的区域，这些环形结构既不接触地面，又不碰触天花板，同时也没有将不同空间之间的视觉联系完全屏蔽，为游客提供了在近景和远景之间不断切换的视界，并根据游客站、坐等姿态而流动变化（游客坐下后会拥有更强的视觉穿透力）。

对壳体和张拉结构的探索，尤其是将坚硬的壳体与柔软的张拉表面结合为一种整体式结构，一直是我在教学和研究中十分关注的课题。例如，我们在英国建筑联盟学院设计研究实验室、维也纳应用艺术大学的哈迪德研究生项目，以及哈佛大学的设计研究生院都指导过相关的教学实践。值得提及的是，我在维也纳应用艺

数学馆，科学博物馆，伦敦，英国，扎哈 · 哈迪德建筑事务所（2014—2016 年）

数学馆，科学博物馆，伦敦，英国，
扎哈·哈迪德建筑事务所，2014—2016 年

术大学的教学成果曾在 2012 年的威尼斯建筑双年展上展出。本页图展示的是我在英国建筑联盟学院设计研究实验室的一个早期教学研究实例。这个内外反转式的参数化哥特风格项目，灵感来自哥特式巴西利卡教堂的拱顶从肋拱逐渐汇聚成柱束的形式。而与哥特式拱顶的内化表达方式不同，这个设计项目的目标是将复杂的结构形式同时在外部和内部进行表达。另外，与传统建筑的重复性空间序列不同，这个项目的空间划分呈现了一种参数化的渐进变化，以及空间与空间之间的分支和分层。从结构角度来看，这个项目不仅采用了纯受压壳体，还将受压的

内外反转的参数化哥特风格，建筑联盟学院设计研究实验室（2010 年）。团队成员：玛丽亚·特斯洛尼（Maria Tsironi）、盖里 · 克鲁兹（Gerry Cruz）、娜塔丽 · 波皮克（Natalie Popik）、斯珀利顿 · 卡普瑞尼斯（Spyridon Kaprinis）

2020 年东京奥运会主体育场的竞赛获胜作品，日本，扎哈 · 哈迪德建筑事务所（2014 年）

拱壳结构与张拉结构结合在一起发挥作用。最后，所有线性元素的形式生成都遵循连续的自适应变化逻辑。建筑的曲面几何形式柔顺地融入场地之中，繁复的结构体系最终呈现了一种轻巧、优雅的形式感。

在 2020 年东京奥运会主体育场的竞赛获胜作品中，我们同样采用了壳体和张拉结构的组合，其中张拉索网曲面填充在一个巨大尺度的骨架式壳体结构（或者理解为一些连续拱系统）中。因此，这种几何形式是将一系列坚硬、不透明、线性的曲面与一系列柔软、半透明、非线性的曲面巧妙地结合在一起，同时切向的连续曲面在这两者之间形成了过渡。

优化的壳体结构形态，总统府，阿尔及尔，阿尔及利亚，扎哈·哈迪德建筑事务所（2011—2017 年）

结构网状模式，总统府，阿尔及尔，阿尔及利亚，扎哈 · 哈迪德建筑事务所（2011—2017 年）

混凝土壳体结构可以天然地提供高效的大跨度空间，这在费利克斯·坎德拉和海因茨·伊斯勒（Heinz Isler）等混凝土壳体结构先驱倡导者的作品中已经得到了大量佐证。扎哈·哈迪德建筑事务所在针对阿尔及尔总统府的设计研究中，运用了优化的壳体结构形态和密肋构造机理，探索出更加复杂多样的空间组合。

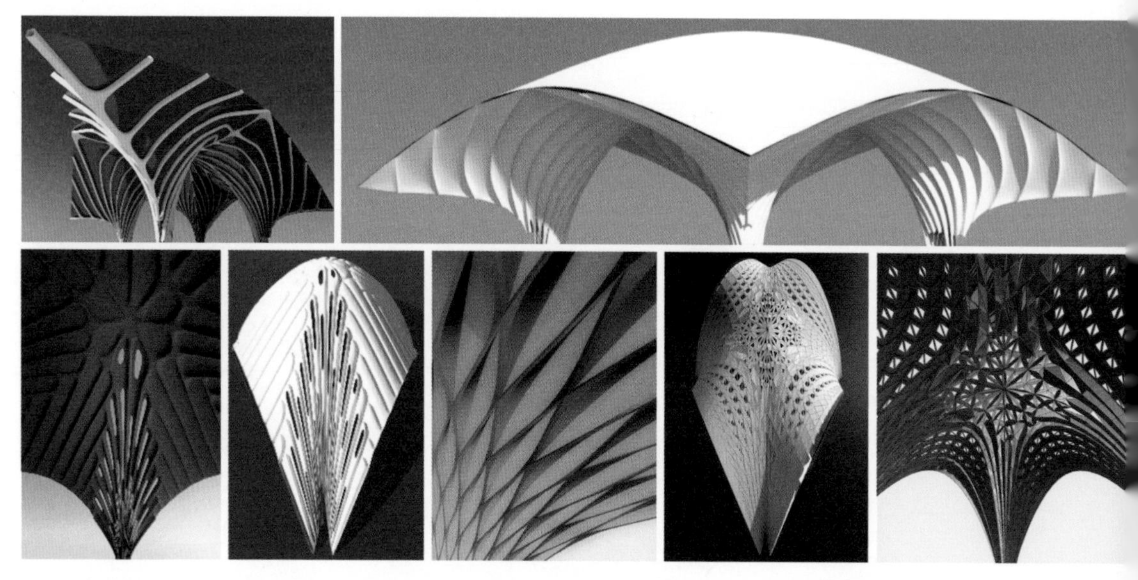

密肋构造机理，总统府，阿尔及尔，阿尔及利亚，扎哈·哈迪德建筑事务所（2011—2017 年）

壳体形式、内部密肋，以及开孔图案，总统府，阿尔及尔，阿尔及利亚，扎哈·哈迪德建筑事务所（2011—2017 年）

这个项目中的壳体形式、内部密肋，以及开孔图案均基于结构优化算法。由于目前有很多工具可以生成并优化结构形式，还有很多工具可以将抽象的力流转化为剖面或密度具有差异性的曲面构造，因此，这种设计方法带来了丰富多样的形式表达，可以运用到中央入口大厅、大宴会厅等各种空间的符号学表征中。同时，一些菱形纹理在室内空间还起到了导向的作用，可以指示出主要出入口和空间中心的位置。

布洛克研究团队的犰狳拱壳，威尼斯建筑双年展，威尼斯，意大利（2016 年）

在提及当代创新性的参数化受压拱壳时，必然会想到的便是菲利普·布洛克和他在苏黎世联邦理工学院（ETH Zürich）的研究团队。他们最具代表性的作品之一便是在 2016 年威尼斯建筑双年展上展出的犰狳拱壳（Armadillo Vault）。在 2012 年，扎哈·哈迪德建筑事务所曾邀请他参加了威尼斯建筑双年展的展览，展出了一些早期相关模型。在此期间，他开发了 RhinoVAULT 结构找形工具，一款基于复杂图解静力学的三维设计模拟引擎。该工具可以在不依赖任何对称前提的平衡条件下，优化出仅受压的壳体结构形式（compression-only shells），从而开创性地将石砌拱顶引入参数化设计领域，在提供了前所未有的设计自由度的同时，确保了结构完整性和建构严谨性。正如布洛克研究团队对犰狳拱壳的介绍：整个拱壳“由 399 块单独切割的石灰岩块组成，相互之间没有加固，也没有采用砂浆黏结，犰狳拱壳整体跨度达到 52 英尺（约 16 米），而最小厚度只有 2 英寸（约 5 厘米）。其索状几何形式使得结构处于纯粹的受压状态，地面上的张拉缆索刚好平衡了石材的受力。这种复杂的形式基于与历史上石砌教堂相同的结构和构造原理，并借助项目团队开发的图解静力学设计和优化方法得以实施”。

犰狳拱壳独特的形式与建构表达贯穿于从全局形态到细部的每一个细节，包括令人难以置信的薄厚差异、嵌板图案，以及石材顶部由于平坦放置而造成的表面裂缝，石材底部的沟槽纹理，该项目成了建构主义的完美案例。

主应力线被嵌刻到双曲抛物面的壳体曲面上，扎哈 · 哈迪德建筑事务所计算设计部门

重访坎德拉装置（Candela Revisited）

中国国际建筑双年展展亭，北京，中国，扎哈·哈迪德建筑事务所与 Bollinger-Grohmann 事务所（2013 年）

2013 年，在中国北京举办的中国国际建筑双年展旨在呼吁重新激活北京鸟巢和水立方之间的后奥运时代城市空间，这也为扎哈·哈迪德建筑事务所提供了一个创

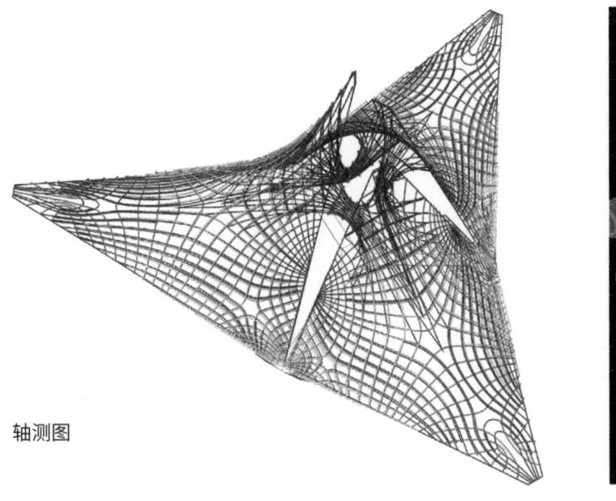

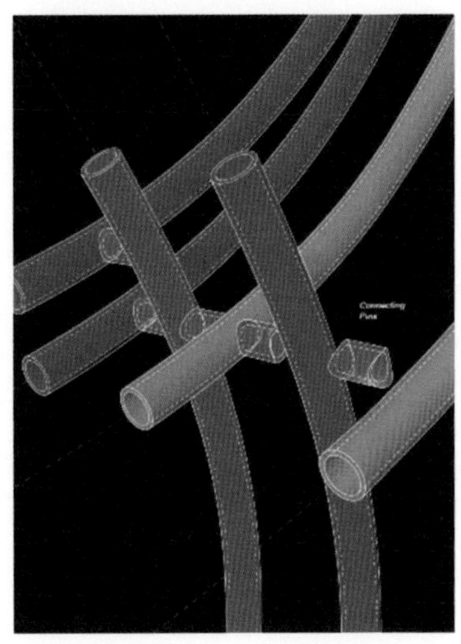

重访坎德拉装置，国际建筑双年展，北京，中国，扎哈 · 哈迪德建筑事务所计算设计部门与 Bollinger-Grohmann 事务所（2013 年）

重访坎德拉装置，实验展亭，中国国际建筑双年展，北京，中国，扎哈 · 哈迪德建筑师事务所 / 扎哈·哈迪德建筑事务所计算设计部门 /Bollinger-Grohmann 事务所，(2013 年)。

造开放式展亭空间的机会。我们希望设计的展亭可以在奥林匹克公园的广阔空间内以优雅、轻盈的结构形式构建社会互动，同时展示我们在设计研究中的新关注点——基于计算性的结构优化表达。

我们通过展亭的原型设计，继续深入对壳体结构形式的研究。总的来说，这个展亭延续着物理找形历史中一系列先驱探索者的路径，包括由安东尼·高迪、海因茨·伊斯勒、弗雷·奥托、费利克斯·坎德拉，以及其他先驱所探索的悬链找形（hanging chains）、肥皂膜找形（soap films）等。我们希望通过中国国际建筑双年展展亭这个研究项目，继续拓展在参数化设计系统和建造机制方面的探索。在该项目中，我们探索了建筑表达、工程逻辑和建造约束之间的协同作用。同时，展亭延续了扎哈·哈迪德建筑事务所一直以来所关注的自支撑超薄曲面结构的建筑表达。我们在算法形式生成领域的探索和发展越广阔，就越能欣赏像费利克斯·坎德拉这些先驱的工作，他们在材料和结构找形过程中通过最本质的原理实现了最优雅的设计。

对于我们来说，继承并致敬先驱探索者的研究是顺理成章的。例如，费利克斯·坎德拉在墨西哥城[1]设计的圣维特森·保罗教堂通过组合 3 个双曲抛物面使得空间向

1 Ballard Metcalfe, “A Structural Optimization of Félix Candela’s Chapel of St. Vincent de Paul in Coyoac á n, Mexico City,” (United States: Princeton University Undergraduate Senior Theses, Civil and Environmental Engineering, 2014) .

编织坎德拉项目。扎哈 · 哈迪德建筑事务所计算设计部门与苏黎世联邦理工学院的布洛克研究团队合作设计并开发了编织混凝土模板系统

各个方向打开，提供了一种结构与空间布置的范本。与费利克斯·坎德拉的建筑一样，我们的展亭也采用了 3 个双曲抛物面的组合形式，其尖顶在高空相遇。不过，我们的设计打破了完美的对称形式。另外，与圣维特森·保罗教堂的光滑壳体不同，我们的壳体是一个分层的网格结构，其中网格图案是通过结构分析工具 Karamba 模拟出的主应力线而生成的。因此，这些遵循应力线的网格图案不仅更美观，而且在结构层面也更有效。网格壳体由非常细的钢管建造而成，钢管之间通过柔性连接构件连接，而不是直接交叉连接。另外，由于越靠近支撑基座的部分所受的应力越强，我们相应地增加了额外的钢管网格层。一方面，钢管层之间的颜色差异性进一步凸显了结构的复杂性；另一方面，钢管层之间颜色合成所产生的渐进变化还强化了朝向各个支撑点的视觉导向，最终，这种基于特定规则发展出的形式特征增强了建筑的符号学表达。

编织坎德拉项目（KnitCandela）是这个系列里的第 2 个实验性结构装置，同样表达了对西班牙及墨西哥建筑师和工程师费利克斯·坎德拉的敬意。编织坎德拉项目通过引入新兴的计算性设计方法和编织混凝土模板技术，重构了坎德拉的创造性混凝土壳体结构。编织坎德拉项目的整体形式参考了坎德拉在墨西哥城霍奇米尔科完成的著名的洛马南蒂亚莱斯（Los Maniantiales）餐厅（坎德拉本人也在随后的几个项目中进一步发展了这个餐厅项目的形式概念）。在这个项目中，坎德拉结合标准双曲抛物面（马鞍形）的几何形式设计了可重复使用的模板，从而

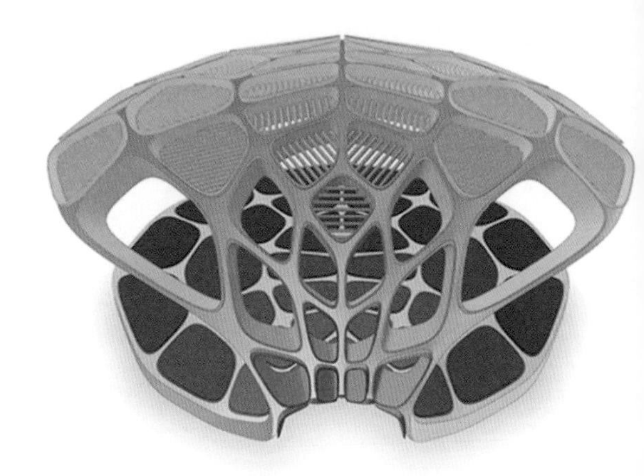

结构拓扑优化和建造优化，VOLU 餐厅，扎哈 · 哈迪德建筑事务所 / 扎哈 · 哈迪德建筑事务所计算设计部门，设计迈阿密展会（2015 年）

降低了建造材料成本，而编织混凝土则可以允许实现更多变化性的双曲抛物面几何形式。通过采用索网和织物相结合的模板系统，编织坎德拉项目可以高效地建造富有表现力、形式自由的混凝土表面，并且不需要繁重的模具。编织坎德拉项目的双曲抛物面薄混凝土外壳，表面积近 538 平方英尺（约 50 平方米），重量超过 5 吨，而建造使用的编织混凝土则只有 121 磅（约 55 千克）。甚至，用于整个装置建造的编织材料模板都是装在行李箱里从瑞士运到墨西哥的。

VOLU 餐厅是受罗比·安东尼奥（Robbie Antonio）的委托，为 2015 年设计迈阿密展会而定制的。VOLU 餐厅属于革新项目（Revolution Project）系列的一部分，整个项目旨在探索先进设计和建造技术如何在实践中创造更加高效的生活空间。在这一背景下，VOLU 餐厅是一个融合了计算性设计、轻质化结构工程和精密建造 3 个方面技术的当代建筑探索。

首先，我们通过粒子弹性网格松弛法优化壳体的整体形状。其次，通过结构拓扑优化，生成肋拱结构形式。最后，我们通过算法进一步优化整个物质建造过程，其中主要考虑到直线型构件和单曲面构件的建造约束。总体来说，VOLU 餐厅项目在设计阶段便将其建造过程嵌入形式本身之中。基于数字化建造流程，该项目将建造约束反馈到设计之中，绝大部分建筑构件被优化成可以通过计算机参数化控制的单向曲率形式。基于这种迭代式的工程反馈，复杂且极具表现力的曲面建筑形式可以通过单曲率弯曲构件的平面展开技术实现高效建造。整个 VOLU 餐厅由一系列带状构件组成，这些带状构件在躯干处收缩聚集，并在顶部向四周展开。同时，这些带状构件分布图案是由整体形式的结构荷载状态决定的——通过分析荷载之下的整体结构形式，对其进行数字化拓扑结构优化，去除受力层面不必要的材料，从而产生尽可能轻的设计方案（这种优化逻辑与自然界中的许多有机结构生长逻辑相通）。总体上，VOLU 餐厅的整体形式和细节图案同时受到了结构优化和建造约束的影响。

VOLU 餐厅，扎哈 · 哈迪德建筑事务所 / 扎哈 · 哈迪德建筑事务所计算设计部门，设计迈阿密展会（2015 年）

除了我们的内部研究团队——扎哈·哈迪德建筑事务所计算设计部门所进行的一些小规模实验建筑探索之外，扎哈·哈迪德建筑事务所也已经在一些大型项目中实践了建构主义的原理、价值观和方法。在接下来的部分，将重点介绍、阐述部分相关成果。

具有空间导向性的平面布置和屋顶网格系统，北京大兴国际机场，北京，中国，扎哈 · 哈迪德建筑事务所（2018 年）

北京大兴国际机场

北京，中国，扎哈·哈迪德建筑事务所（2014—2019 年）

北京大兴国际机场在设计上与中国传统建筑的基本类型相呼应，即围绕中心庭院组织相互连接的空间。航站楼的平面布置可以引导所有乘客无缝地穿越在出发、到达和换乘区域，直至航站楼中心的超大庭院——多层综合空间。

从平面上看，5 个登机 / 落客区从航站楼的中央主庭院呈放射状伸出，所有乘客能够在相对较短的距离内穿过机场，无须乘坐航站楼内的自动穿梭车，便可到达提供相应服务和设施的位置。这种放射状结构的紧凑型平面设计将登机手续办理处与登机口之间的距离减至最短，同时也使转机乘客与登机口之间的距离最小化，确保了任何乘客在 8 分钟的步行时间内都可以到达距离最远的登机口。

漏斗形支撑结构的外部和内部视图，同时起到采光井的作用，北京大兴国际机场，北京，中国，扎哈 · 哈迪德建筑事务所（2018 年）

在航站楼的中央，跨度达 328 英尺（约 100 米）的结构体系为航站楼创造了宽敞的公共空间，并为未来功能优化和调整提供了高度的灵活性。整个大跨度屋顶是由 6 个花瓣形拱壳结构单元构成的，每个花瓣结构体以漏斗的姿态向上升起，为室内空间带来了自然光线。另外，屋顶曲面上线性的细分天窗网络也会将自然光引入航站楼，同时，这些网格的线性方向也为整个建筑提供了一种直观的导航系统，引导旅客在航站楼内穿行。

在结构层面，每个花瓣单元都由一个超大尺度的漏斗形结构体支撑。这些漏斗形结构体发挥着立柱一样的作用，表面上与屋顶形成刚性连接，而本质上则是从屋顶曲面向下延展而形成的。同时，通过把这些漏斗形结构体的一侧切开，屋顶曲面形成巨大的开口，可以把光线引入室内。

北京大兴国际机场，北京，中国，
扎哈·哈迪德建筑事务所，2014—2019 年

请勿倚靠，禁
Please Keep Away

千号博物馆公寓，迈阿密，美国，扎哈 · 哈迪德建筑事务所（2012—2020 年）

千号博物馆公寓

迈阿密，美国，扎哈·哈迪德建筑事务所（2012—2020 年）

千号博物馆公寓项目位于迈阿密博物馆公园对面，是一座 62 层的住宅建筑。该项目在设计上延续并实践了扎哈·哈迪德建筑事务所在建构方面的研究成果，即使

千号博物馆公寓，迈阿密，美国，扎哈 · 哈迪德建筑事务所（2012—2020 年）

用结构框架作为空间组合与功能表达的主要媒介。建筑结构的差异化参数表达遵循了建构主义的基本原理，其参数化表达形式的多样性也与现代主义语境中单调的重复性形成鲜明对比。

千号博物馆公寓，迈阿密，美国，扎哈·哈迪德建筑事务所（2012—2020 年）

我们将建筑的混凝土外骨骼设计成由流动线条构成的网状结构，进而强化了横向支撑，以承受迈阿密的强风荷载。同时，构件的流动形式可以疏导竖向荷载。从结构构件尺寸上的变化可以清楚地看出，竖向和横向的双向荷载渐进性地累积到大厦的底部。反过来，建筑结构随着高度的增加逐渐变得轻盈，角柱在建筑顶部开始逐渐分支，从而为转角空间让出更好的视野。自下而上结构形式的渐进变化也回应着居住单元类型之间的差异。同时，这些差异又通过居住单元的玻璃划分、楼板，以及阳台之间的多样性组合得到了进一步表达。

整个主体结构采用了玻璃纤维增强混凝土模板，同时在建筑施工结束后，我们仍然将模板保持在原位，成为建筑的组成部分。这种采用永久性混凝土模板的建造方式也是首次使用。这种方式不仅提高了施工速度，而且同时提供了一种维护成本较低的建筑饰面方式。

千号博物馆公寓，迈阿密，美国，
扎哈·哈迪德建筑事务所，2012—2020 年

新濠天地摩珀斯度假酒店，澳门，中国，扎哈 · 哈迪德建筑事务所（2013—2018 年）

新濠天地摩珀斯（Morpheus）度假酒店

澳门，中国，扎哈·哈迪德建筑事务所（2013—2018 年）

从基本形态关系的角度看，酒店的设计逻辑可以理解为一对相互交融在一起的塔楼。两座塔楼之间的中庭空间在竖直方向上贯穿酒店整体，同时，中庭空间被一系列连接南北立面的外部空隙贯穿。三个水平向的旋涡形体将外部空隙进行划分，建构了一系列有趣的内部公共空间。这些空隙发挥着城市窗口的作用，从视线上将酒店的内部公共空间与外部城市空间连接起来。通过在贯穿中庭的不规则旋涡形体内部设置一系列桥廊平台，为酒店的餐厅、酒吧和宾客休息室提供了独特的空间。中庭内设有 12 部玻璃电梯，宾客乘坐它们在建筑的空隙之间穿梭时，可以同时欣赏到酒店内部和城市的绝佳景色。整个中庭空间不仅仅是一种视觉奇观，同时还发挥着定向和导航的作用。乘坐电梯的宾客就像沿着一条垂直的街道行驶，可以看到他们可能想要使用的所有公共空间。

这座酒店可能拥有世界上最复杂的高层建筑外骨骼结构系统。建筑底层的结构构件呈现了极其复杂的分布方式，随着构件向上延伸，逐渐在顶部形成一个由较轻

新濠天地摩珀斯度假酒店，澳门，中国，扎哈·哈迪德建筑事务所（2013—2018 年）

构件组成的低密度规则网格。从结构角度来看，外骨骼结构系统减轻了建筑核心筒的承重负担，并且在建筑内部打造出自由、流畅的空隙空间。

新濠天地摩珀斯度假酒店，澳门，中国，
扎哈·哈迪德建筑事务所，2013—2018 年

“水西东”林盘文化交流中心，成都，中国，袁烽，上海创盟国际建筑设计有限公司（2019 年）

“水西东”林盘文化交流中心

成都，中国，袁烽，上海创盟国际建筑设计有限公司（2019 年）

虽然这里介绍的大多数案例都是扎哈·哈迪德建筑事务所的作品，但这并不意味着扎哈·哈迪德建筑事务所是推动建构主义的唯一力量。同普适的参数化主义一样，建构主义也必定是一种群体探索，一种全球众多建筑师共同推动的先锋建筑运动。在中国，建筑师袁烽是这场运动最著名和最活跃的倡导者，他在同济大学带领团队进行的研究和教学，以及在上海创盟国际建筑设计有限公司所完成的众多实践作品，有许多都可以归类为建构主义的案例。在袁烽的建筑实践中，一个很重要的特征是将当代计算性设计及建造方法与中国传统意象和材料相融合。其中，“水西东”林盘文化交流中心建筑群便完美地体现了袁烽所致力于探索的“参数化地域主义”。该项目以石材和木材等传统材料为基础，通过引入参数化技术，探索出一种中国传统屋顶结构形式的当代转译。

袁烽对于该项目的描述，也从侧面印证了他的思想在某种程度上与建构主义的原则和价值观相契合：“在数字技术的推动下，基于结构性能的建筑设计方法最关键的是过程本身，其目标是通过计算性几何生形、结构模拟和迭代优化的过程，寻求具有最优结构性能的建筑形式。这种设计方法强调几何逻辑、结构逻辑和建造逻辑的整合统一，从而理性地实现传统与当代的融合。”

4.3 以环境工程逻辑作为建构表达的驱动力

建构主义与绿色建筑的诉求在某种程度上是一致的。绿色建筑旨在利用环境工程原理和参数来驱动建筑的设计与优化。当然，我们这里所讨论的并不涉及那种类似于汽车低能耗发动机的主动式绿色建筑技术，因为这些技术理论是否可以应用到任何建筑中，与其风格形式无关。我们这里所关注的是被动式的方法和原则，诸如绿色建筑对整体形式、朝向、组织关系和建构表达等方面的关注。这些方面将可能真正地与参数化主义产生共鸣。建筑体量的自遮阳形式、建筑围护结构的开口位置和遮阳系统，均可以对采光节能做出回应。同理，对风向和通风的考虑也同样可以明显地驱动设计。此外，还包括与降雨有关的排水或集水要求等，所有这些特征都会对建筑的形式产生决定性影响。因此，当基于环境目标参数的计算性生形与优化过程可以以更加严谨的方式驱动设计时，将可以塑造众多既独具特色又高效节能的建筑形式。例如，根据建筑曲面表皮上的遮阳构件的分布方向和密度变化，我们就算在夜晚或阴天也可以推断建筑物的方位和朝向。这样，建筑便在城市环境中同样发挥着指南针的作用。这也是参数化建构设计表达建成环境信息的另一种方式——通过构建与环境因素相关的丰富信息（如朝向定位），服务于公众。

扎哈·哈迪德建筑事务所的以下两个项目进一步说明和阐释了建构主义如何与环境议题相结合，如何使环境工程逻辑成为建筑空间形式和建构表达的驱动力，以及如何在环境层面增强城市与建筑的可读性和导向性。

阿卜杜拉国王石油研究中心，利雅得，沙特阿拉伯，扎哈·哈迪德建筑事务所（2009—2017 年）

阿卜杜拉国王石油研究中心，利雅得，沙特阿拉伯，扎哈 · 哈迪德建筑事务所（2009—2017 年）

阿卜杜拉国王石油研究中心（KAPSARC）

利雅得，沙特阿拉伯，扎哈·哈迪德建筑事务所（2009—2017 年）

阿卜杜拉国王石油研究中心的园区面积为 7 534 737 平方英尺（约 700 000 平方米），包括 5 栋建筑：能源知识中心、能源计算机中心、带有展厅和 300 座报告厅的会议中心、拥有 10 万份资料档案的研究图书馆，还有名为穆萨拉（Musalla）的园区祈祷场所。该项目的设计以环境因素为核心，将园区的 5 个建筑部分整合成一个统一的整体，围绕在四周的外部遮阳空间，成为连接各个部分的组织结构。整个设计的形式组织策略是建立一个蜂窝系统，将不同功能的建筑进行整合，并提供与之连接的公共空间。通过蜂窝状网格的密度变化，我们在建筑组群中塑造一个中心轴，作为周边天然谷地向西延伸。

作为扎哈·哈迪德建筑事务所获得的第一个 LEED 白金认证项目，阿卜杜拉国王石油研究中心通过最大限度地减少能源消耗，满足了利雅得高原的环境要求。更重要的是，这种低能耗在很大程度上是通过被动方式实现的，即通过对建筑形体组织和围护结构的高性能设计来实现。通过将被动方式和主动方式相结合，包括建筑体量和朝向设计、立面优化、系统选择，以及在朝向南面的会议中心屋顶布置太阳能光伏板（年发电量为 5000 兆瓦·时），整个建筑的能源消耗降低了 45%[与 ASHRAE（美国采暖、制冷与空调工程师协会）普遍标准相比]，最终，阿卜杜拉国王石油研究中心获得了美国绿色建筑委员会（USGBC）的 LEED 白金认证。

阿卜杜拉国王石油研究中心，利雅得，沙特阿拉伯，
扎哈·哈迪德建筑事务所，2009—2017 年

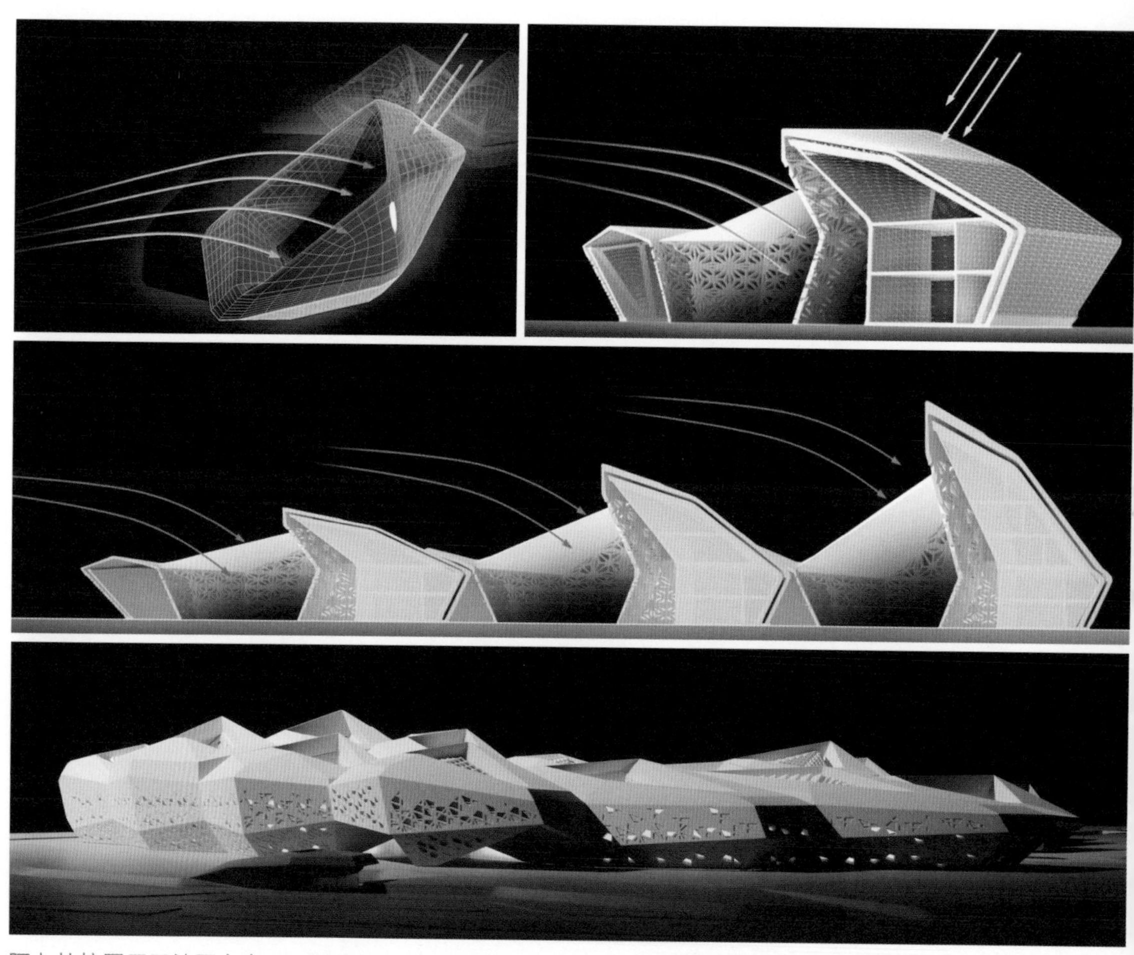

阿卜杜拉国王石油研究中心，利雅得，沙特阿拉伯，扎哈·哈迪德建筑事务所（2009—2017 年）

阿卜杜拉国王石油研究中心园区的建筑群围绕着一个巨大尺度的公共庭院布置。庭院内竖立着一个钢柱矩阵，上面支撑着遮阳檐篷。建筑群主要朝向北面和西面打开，有利于来自北方的盛行风在气候温和的月份为庭院降温，而对来自南面的刺眼阳光则建立了一道屏障，便于建筑群与园区北部的未来扩展部分以及园区西面的研究人员居住社区相互连接。

阿卜杜拉国王石油研究中心，利雅得，沙特阿拉伯，扎哈·哈迪德建筑事务所（2009—2017年）

为了适应光照和通风的环境条件，我们将建筑单元设计成棱柱形晶体形状，并沿着向南、西和东的方向逐渐增加高度，以保护内部空间免受阳光直射，而内部庭院则朝向北和西北方向打开，从而将间接光照引入下方空间。每个内部庭院南侧的屋顶剖面经过特殊设计成为一种“风捕捉器”，以捕获来自北方的盛行风，将其引入庭院内部用于降温。

开放式庭院和玻璃中庭的自遮阳要求，以及庭院开口引入盛行风的要求，在这里被协调在一起，并且共同驱动着庭院和遮阳檐篷的倾斜形式的设计。另外，蜂窝单元体量的连续上升（高度增加）同样也是由光照和通风的参数驱动的。这种光照和通风参数所驱动的屋顶单元矩阵形式和檐篷结构矩阵形式，为建筑综合体中两种截然不同的组成部分赋予了统一的特征。参数化建构策略将一组统一的参数应用于两个功能上和“本体”上均极为不同的建筑系统，从而实现了两个系统之间相互协调的形式联系，增强了整个建筑群的整体性和统一性。最终，这两个系统在一种整体的场域状态下被整合在一起，同时也将作为更大建筑群落的潜在组织核心的谷地地形再现出来。

伊拉克中央银行，巴格达，伊拉克，扎哈 · 哈迪德建筑事务所（2011—2022 年）

伊拉克中央银行

巴格达，伊拉克，扎哈·哈迪德建筑事务所（2011—2022 年）

伊拉克中央银行新总部位于巴格达的底格里斯河沿岸的斜坡之上，该设计需要传递出机构本身的核心价值：坚固、稳定和可持续。

该建筑高度为 558 英尺（约 170 米），内部总面积为 968 752 平方英尺（约 90 000 平方米），在设计上综合考量了场地的特定限制条件。塔楼部分的底部很窄，中部逐渐变宽以优化平面布局，并提高使用效率，顶部又逐渐内向倾斜。宏伟的中庭空间将自然光线引进建筑的中心，同时朝向底格里斯河开放——为所有银行员工和顾客提供永久的视野景观。

伊拉克中央银行，巴格达，伊拉克，扎哈·哈迪德建筑事务所（2011—2022 年）

塔楼的主体随着高度增加而逐渐变宽，仿佛在向上生长，让人联想起植物或花朵，整体形式极具标志性。而这一形式的驱动力实则来自场地条件的约束，以及将中央银行的金库安置在大厦下部的决策。由于金库空间需要被坚固的混凝土包围，因此这个厚重的外壳可以作为塔楼外骨骼的坚固基础。根据其结构逻辑，塔楼外骨骼结构向顶部逐渐开放，因此金库的混凝土外壳形成了与之相呼应的反向载荷累积。此外，该项目在这里是作为一个由环境而不是结构驱动的设计案例，也就是说，塔楼外骨骼的形式在很大程度上也是由遮阳的环境逻辑决定的。在巴格达炎热的夏季，保护办公楼免受阳光直射是一个超越一切的议题和驱动力。针对塔楼外骨骼的鳍形柱形状设计和朝向布置都是为了最大限度地减少玻璃幕墙受到的阳光直射。这意味着塔楼的东、西、南、北 4 个立面会分别呈现明显不同的外观。

伊拉克中央银行，巴格达，伊拉克，
扎哈·哈迪德建筑事务所，2011—2022 年

北侧立面完全向河流开放，而南侧立面几乎完全封闭。同时，光线（没有直射光）又可以从四面八方照射进来。另外，由于这些超大尺度“混凝土百叶窗”（即塔楼的主要结构）的布局方式，人们在建筑周围移动时，对建筑的视觉感知也会发生巨大的变化。这种基于观察者位置的外观差异效果也将塔楼变成了一个城市环境中的“指南针”，这对于作为城市地标的建筑来说也是尤为重要的，而伊拉克中央银行大楼就是这样一个城市地标，是巴格达这一区域中唯一的高层建筑。

这座建筑的标志性特征并不是首要设计目标，而是通过建构主义方法论原则下的严谨设计过程而实现的令人满意的共赢结果。这种极具个性的建筑形式是典型的建构主义风格，为该城市地区赋予了相应的定位和特征。这座建筑兼具的视觉交流属性也是一种典型的理性设计过程的结果，而不是完全主观的艺术创作。然而，这种建构主义的设计过程确实涉及建筑物的视觉外观和信息交流属性，因此，设计过程也必然要涉及一种策略性的形式编排和选择，对源自工程优化原则而生成的初步形态进行进一步视觉操作。

4.4 以建造方法作为建构表达的驱动力

建构主义既提供了新的技术理性，也带来了丰富的空间表达，这些新的探索尝试同时依仗着各种新型的机器建造技术，包括众多类型的机器人 3D 打印技术。这一方面赋予设计的驱动力比那些源自计算性工程逻辑领域的驱动力更加通用和开放。当然，这些机器建造的形式驱动因素叠加于工程逻辑的形式驱动因素时，其实是将其形态、材料和建构特征刻印到一个已经遵循结构和环境逻辑的建筑形式之上。最终，每一个建筑设计都可以是由所有这些因素共同决定的，包括建造、结构、环境参数，当然还有场地限制和城市环境参数，以及最重要的发挥社会职能作用的空间组织参数。在本书中，尽管场地和功能等方面没有作为单独的主题出现，但我们应该认识到，由于参数化主义的自适应原则通常适于处理不规则的场地边界问题，同时由于当代建筑实践的要求，参数化建筑的适应性与差异性通常涉及复杂的、非标准的功能组合和社会机制，因此，建构主义作为参数化主义风格的一种附属风格，通常也会用于处理相当复杂的环境条件和空间配置问题。而正是这种新兴的、具有强大计算能力的工程技术以及新的机器建造和施工工艺，使这些复杂议题得以以一种不失优化理性与经济建造的方式来解决。鉴于当下已经进入了我们学科中新的复杂层次，我认为建构主义能够建立起一种独特且理性的空间秩序。这种空间秩序在外观上将是简洁、优雅的，在解决这些功能复杂性的同时，建筑将保持本身的易读性。

我们接下来将介绍一系列小尺度的实验性作品，阐述由建造因素驱动的建构形式设计。然而，在分析这些小尺度作品时，我们也必须始终牢记这种对于复杂形式进行诉求和探索的背景语境。

“海芋”（Arum）装置

2012 年威尼斯建筑双年展的装置，扎哈·哈迪德建筑事务所

“海芋”装置是为 2012 年威尼斯建筑双年展设计和建造的作品。它是一种自支撑多面折板结构，主要运用当前非常有潜力的基于曲线折痕的折板技术进行建造，薄板材料弯折成曲面结构体。通过这种多面板的弯曲折痕折板技术，壳体曲面可以由平面板材直接建造而成。首先，对 1/16 英寸（约 1.5 毫米）厚的铝板进行机器人切割、画线和折叠，再将具有雕塑感的构件用螺栓连接在一起，最终形成复杂的双曲面壳体，整个建造过程是在不使用模具的情况下完成的。

这个项目中的两个最主要的挑战是如何开发出一种直观的设计方法和如何直接生成符合建造约束条件的加工信息。基于我们在扎哈·哈迪德建筑事务所计算设计部门的设计工作中一直在开展的数字工具研究与开发成果，我们提出了一种曲线折痕几何图形的生形方法，该方法可以在设计过程中引入多目标的影响因子，同时还可以将建筑尺度下构件的加工约束纳入考量。这体现了当下一种十分重要的工作范式——基于所处学术社群的集体前期工作积累，通过工具付诸实际的设计实践中，架构具体的设计方法。对于“海芋”这一装置，我们的目标是实现一个相对简单的原型设计——从一个半开敞椭圆形轮廓出发，向上生长出一个类似双曲面的形体，人们可以通过形态的开口进入内部空间。由于单侧开敞造成了曲面结

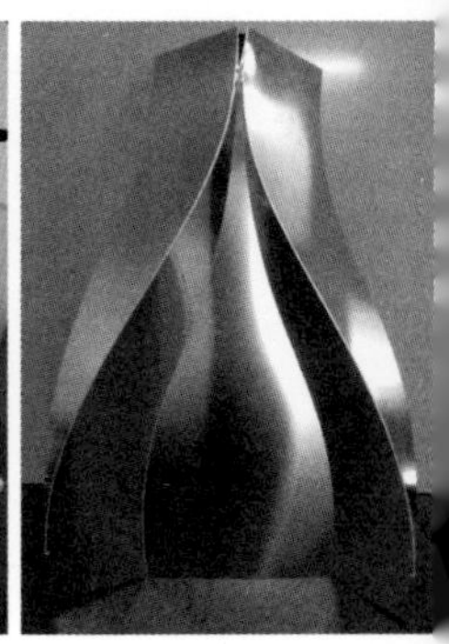

“海芋”装置建造过程，2012 年威尼斯建筑双年展，扎哈 · 哈迪德建筑事务所 / 扎哈 · 哈迪德建筑事务所计算设计部门，Buro Happold 事务所和 RoboFold 公司（2012 年）

构的先天不足，因此在所用材料非常薄的前提下，我们通过折叠的形态弥补了曲面的结构强度。

一旦几何结构可以以一种有效的方法完成设计和优化，便需要进入机器人建造阶段。这里我们首先对铝板进行切割、刻痕，并通过两个协作的机器人进行折叠。之后，我们将这些分段堆叠起来的构件运到现场，再用螺栓固定在一起，形成最终的壳体曲面。同时，螺栓的建造细节也为整体建构表达增添了更多特征。

“海芋”装置建造过程，2012 年威尼斯建筑双年展，扎哈 · 哈迪德建筑事务所 / 扎哈 · 哈迪德建筑事务所计算设计部门，Buro Happold 事务所和 RoboFold 公司（2012 年）

“拱形垂柳”（Vaulted Villow）装置

公共艺术凉亭，波登（Borden）公园，埃德蒙顿，加拿大，马克·福恩斯（Marc Fornes）/THEVERYMANY 事务所（2014 年）

“拱形垂柳”装置主要通过开发一种基于结构生形的定制化算法和图形几何学，塑造轻质的、自支撑的壳体结构。该项目旨在将结构、表皮和装饰整合成统一的系统。其整体形态是一种交互关系的结果，涉及非线性建筑类型学（多个入口、带有分支和螺旋支架的分布式支脚）、结构差异性（结构荷载的分支引导、以更紧凑支撑结构分布来加强整体刚性）和可能存在的各种儿童游乐功能（如捉迷藏）。

装置曲面的设计与建造基于一种非常复杂的瓦片系统，组装成一种条纹状的结构性表皮。所有瓦片看上去十分相似，但是每一块都具有经过数字化加工的独一无二的形态。瓦片通过延伸而重叠在一起，使材料的厚度加倍。

该项目源自马克·福恩斯对一种自支撑结构的长期研究。这种结构主要是由一系列在切向连续生长的薄板平面构件所组成的轻质整体式壳体。该方法使用计算性生形算法生成双曲面几何形态，通过形式本身所具备的结构刚性，避免了对附属结构的需求。

该研究通过引入一种具有行为属性的计算性动态弹性网络来生成悬链线曲面的二维几何结构。这种动态弹性网格包含多种类型（张紧类型、矫直类型），并涉及多个参数（静止长度、角度约束、强度）。悬链线曲面首先在垂直方向上自然悬垂膨胀，然后在第二阶段中沿曲面法线方向向外膨胀，以实现双曲面曲度。随着整体受力趋于平衡，悬链线曲面的膨胀过程逐渐趋于稳定，最终形成一个优化后的结构体。因此，在膨胀找形过程之前，必须将曲面细分的因素纳入对网格系统拓扑结构的考虑中。

在建造过程中，通过在曲面边缘的条纹区域增加瓦片的重叠，便可以额外的层数和连接来承载更多的负载。随着高度的增加，结构负载也随之减少，因此每个瓦片上的孔隙密度可以逐渐增加，从而使更多的光线透进空间。顺瓦砌合（Running

“拱形垂柳”装置，公共艺术凉亭，波登公园，埃德蒙顿，加拿大，马克 · 福恩斯 / THEVERYMANY 事务所（2014 年）

bonds）的方式将条带结构细分，小尺寸单元更便于加工和组装，同时还能通过更有效的嵌套减少材料的使用。瓦片组装时铆钉的密度也可以根据结构需求来确定，在分叉点、边缘和结构底部，铆钉密度和规格往往会更大。同时，为了精确控制建造过程，为该项目开发的通用性计算几何设计方法还嵌入了每个条纹的弯折轴线、角度测量、部件名称和颜色信息等功能[1]。

1　项目描述及图片注释由马克 · 福恩斯提供。

和风亭（Zephyr）

凉亭，得克萨斯理工大学，卢博克市，美国，马克·福恩斯 /THEVERYMANY 事务所（2019 年）

和风亭位于得克萨斯州卢博克市的得克萨斯理工大学，装置提供了一条穿过“荣誉公寓”庭院的遮蔽通道。在这个无数人流交会的场所，该装置为人们提供了一个社交、休憩之地。装置从一个结状中心伸出两个悬臂，成为校园道路上的标志，并提供遮阳功能。4 根由密集条纹构成的支柱相互延伸构成弧形的架桥，犹如波动起伏的翅膀，再加上开放的环形盘绕形体，营造出天空视野。

和风亭，得克萨斯理工大学，卢博克市，美国，马克·福恩斯 /THEVERYMANY 事务所（2019 年）

科学博物馆长凳

机器人热线切割，扎哈·哈迪德建筑事务所计算设计部门，伦敦，英国（2014—2016 年）

我们在为伦敦科学博物馆的数学馆设计的混凝土长凳中，探索了机器人热线切割 EPS 模板技术在高性能混凝土结构设计中的约束。

机器人热线切割聚苯乙烯模具的速度大约是数控铣削速度的 30 倍。与所有数控建造工艺一样，这种技术也为模具和构件的批量化定制提供了可能。当然，可以肯定的是，热线切割技术为其加工构件的几何形式也都赋予了独特的约束，即构件的所有表面都必须是平面或直纹曲面。直纹曲面是指曲面上的每个点都至少有一条直线穿过。在热线切割技术中，电热丝被拉伸成一条直线，然后在空间中自由移动切割，切割后的曲面主要呈马鞍形（当然，平面、圆柱面和圆锥面也是可能的）。最终，这些曲面会生成闭合的体量，因此，这些曲面相交而成的弯曲折痕或边缘也需要重点设计。这种几何约束是快速高效切割过程的代价，限制着这一工艺下的所有设计可能性。然而，从建构表达的目的以及建筑符号学表达的角度来看，这种普遍化的形式特征也可以被理解为易于识别的优势，而不是一种缺陷。因此，在整个科学博物馆数学馆的设计中，我们将能够看到两种不同但又相关的形式类型：基于有理化曲面的形式和基于最小曲面的形式（参见第 69 页图）。这两种类型的曲面形式既有明显的不同，也有明显的相似之处，最终在一种求同存异的设计策略下形成了统一的表达。同时，这种统一性也在物质层面得到了回应：光滑的浅灰色混凝土曲面与灰白色张拉织物曲面相得益彰。

科学博物馆长凳，机器人热线切割，扎哈 · 哈迪德建筑事务所计算设计部门，伦敦，英国（2014—2016 年）

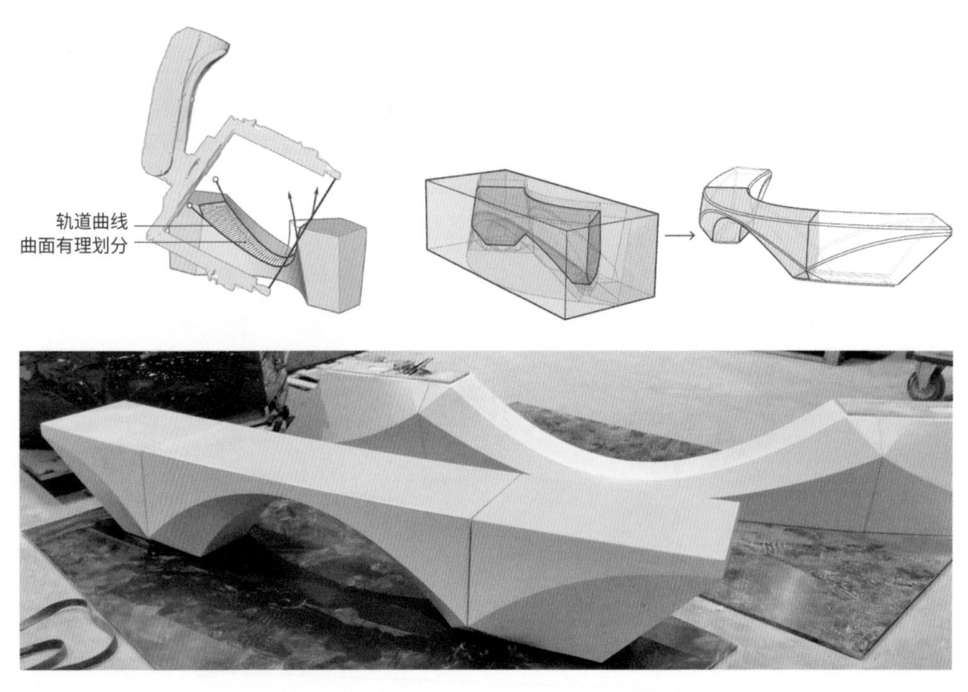

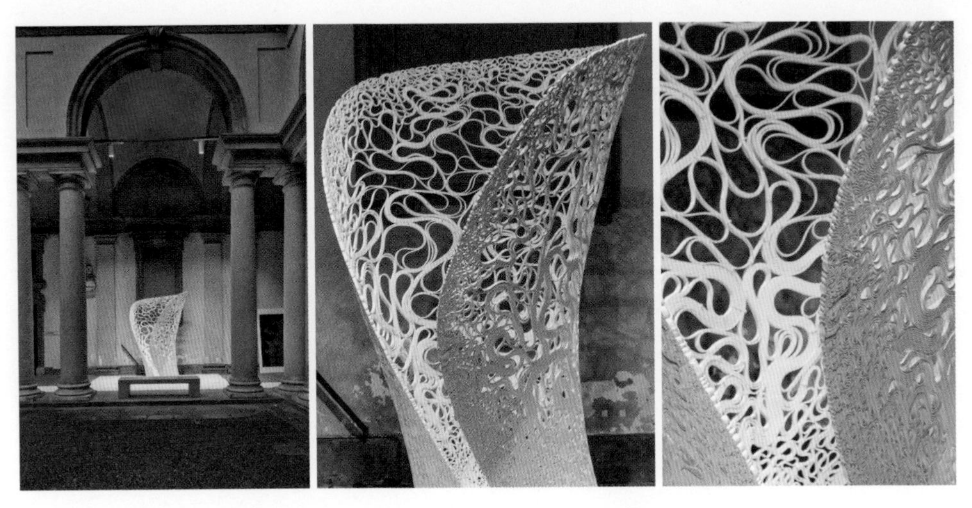

叶状体装置，布雷拉美术馆，米兰设计周，扎哈 · 哈迪德建筑事务所（2017 年）

叶状体（Thallus）装置

布雷拉美术馆，米兰设计周，扎哈·哈迪德建筑事务所（2017 年）

基于自动化增材制造和热线切割技术建造的叶状体装置不仅展示了近年来建筑与工程领域在自动化和定制化方面取得的进展，还展现了扎哈·哈迪德建筑事务所计算设计部门正在进行的一系列机器人辅助设计研究。六轴机器人 3D 打印技术直接将一条 4 英里（约 7 千米）长的连续结构条带，打印在一个通过热线切割加工而成的直纹曲面模板上，该条带在直纹表面上反复循环盘绕并自我连接。

针对机器人打印路径，该项目探索了一种差异性自生长设计算法。该算法基于一种单元化的曲线形式，通过参数化控制下的迭代而不断扩展和扩散。同时，模板曲面也会对迭代过程实施约束。曲线单元的密度变化和迭代方向由边界邻近性、曲面角度方向，以及结构要求等参数来定义，最终，塑造了一个多孔的细丝壳体。3D 打印图案将形式生成参数与结构和建造的规则结合起来，组合成一种有趣的复杂驱动因素系统，让人联想起有机的自然之美。

国际建筑计算机辅助设计协会（ACADIA）3D 打印座椅

扎哈·哈迪德建筑事务所计算设计部门，展出于 ACADIA（2014 年）

这个座椅项目基于一种高分辨率3D打印技术所提供的超高几何复杂性和精细度。座椅曲面上打印图案的设计经过了几个相互关联的优化过程：首先，在座椅外边缘线建模后，使用 Kangaroo 软件的网格松弛法生成曲面；其次，将该曲面输入结构拓扑优化软件中，通过迭代减法生成关键受力区域的图案；最后，通过两种梯度的几何操作来呈现这种图案，包括减薄或加厚曲面深度，增加结构肋网络之间的穿孔密度。

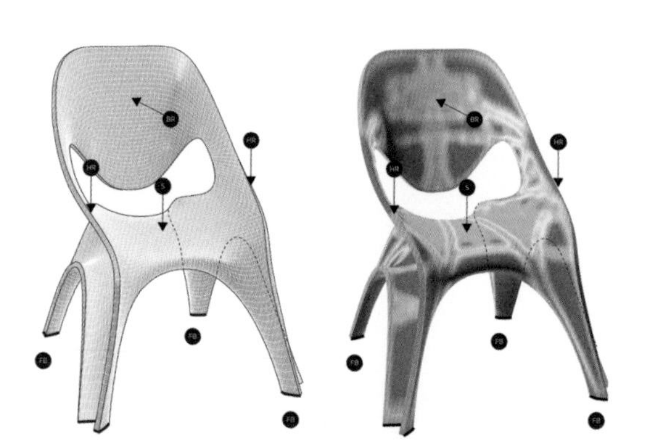

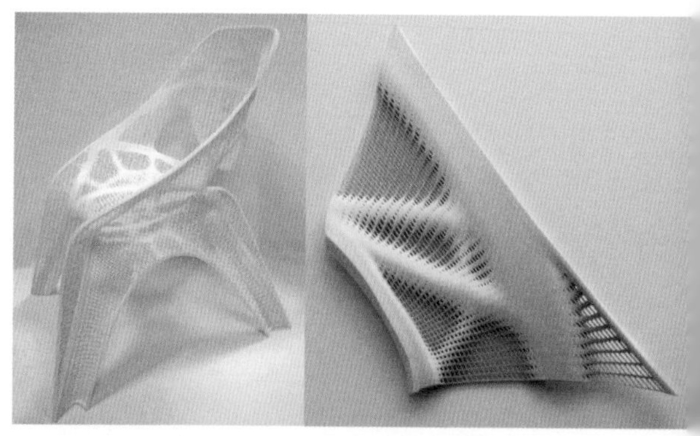

ACADIA 3D 打印座椅，扎哈 · 哈迪德建筑事务所计算设计部门，由 Stratasys 公司打印，展出于 ACADIA（2014 年）

拓扑优化是一种结构力学领域的方法，近年来在建筑设计中得到了越来越多的应用。拓扑优化可以理解成一种生成性设计过程，它可以根据负载或作用力的传递状态优化出一种复杂的差异性材料分布模式。建筑师同样可以利用这种方法生成有机美。在任何一个建筑符号系统（如一个复杂的办公建筑内部空间）中，这种形式表达都可以成为一种具有特色的兼具装饰性和符号学特征的传播媒介。在拓扑优化驱动的设计过程中，实时和快速地向建筑师提供互动优化反馈结果，与结果本身的准确性同样重要。在这个座椅的设计研究和原型建造过程中，我们希望在建筑和设计的语境下探索拓扑优化方法的潜力和缺陷（在这种语境下，需要实时显现优化结果，而不像在常规应用语境下，结果的可视化并不关键）。此外，这个项目还尝试了应用高分辨率 3D 打印技术，以在建造过程中探索新的机会。

这个项目的关键在于将拓扑优化集成到早期设计流程中，并探索其中的关键难点——与其他基于有限元的模拟方法相类似的耗时问题。由于机器学习技术曾被用于优化计算流体力学中的耗时问题，因此在这个研究中也尝试探索了如何使用机器学习算法来改善拓扑优化的计算时间。具体而言，我们将此类技术专用于对薄壳极小曲面的几何形式进行拓扑优化，通过积累、结合此类几何形式相关的特定假设，提高统计数据的高效性和准确性。[1]

纳加米（Nagami）座椅：升（Rise）和弓（Bow）

3D 机器人打印，纳加米和扎哈·哈迪德建筑事务所（2018 年）

纳加米座椅是用颗粒挤出 3D 打印技术完成的，所采用的是未经加工的塑料颗粒，而不是细纤维材料。具体选择的 PLA 塑料是一种无毒、可生物降解的材料，主要

---

1 项目描述及图片注释由扎哈·哈迪德建筑事务所计算设计部门提供。

纳加米座椅:升（左图）和弓（右图），3D 机器人打印，纳加米和扎哈·哈迪德建筑事务所（2018 年）

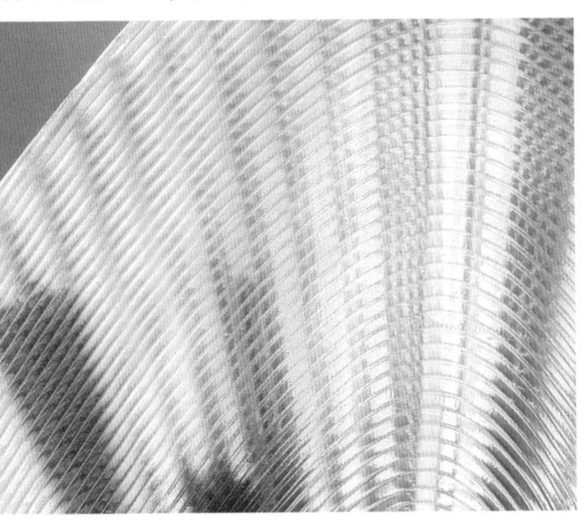

加米座椅：弓，3D 机器人打印，纳加米和扎哈 · 哈迪德建筑事务所（2018 年）

成分是玉米淀粉等可再生资源，同时该材料可以确保可持续性、轻质性和稳定性。

这些座椅基于一种仿生的结构优化设计方法，同时结合了创新材料和先进增材建造技术。其中，图案和材料的渐变所对应的是载荷传递路径，这与生物体中形态和结构的关系是一致的。

条纹桥（Striatus Bridge）

2021 年威尼斯建筑双年展，扎哈·哈迪德建筑事务所和布洛克研究团队

条纹桥项目在威尼斯建筑双年展的滨海花园展区（Giardini della Marinaressa）一直展出到 2021 年 11 月。这座 52 英尺 ×39 英尺（约 16 米 ×12 米）的人行桥可以说是开创性地将传统建造工艺与先进的计算性设计、工程和机器人建造技术进行了结合。通过引入 3D 打印技术进行承重混凝土结构的加工建造，明显地

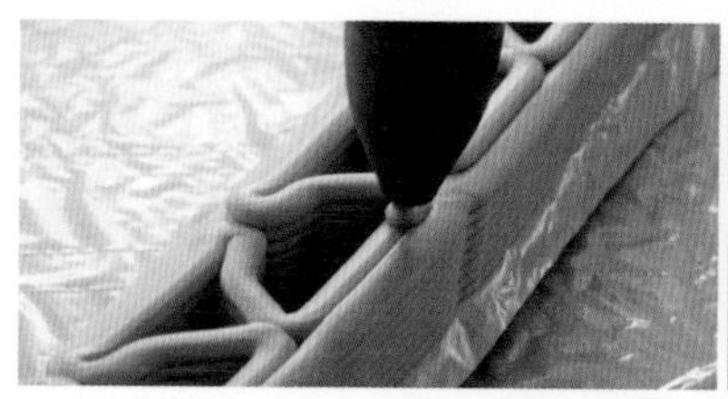

条纹桥，2021 年威尼斯建筑双年展，扎哈 · 哈迪德建筑事务所和布洛克研究团队

条纹桥，2021 年威尼斯建筑双年展，扎哈 · 哈迪德建筑事务所和布洛克研究团队

减少了材料消耗，而且不需要钢筋或砂浆。条纹桥是一座拱壳形无钢筋的混凝土砌块人行天桥，其中每一个砌块都是在不需要砂浆的条件下直接3D打印而成的。“条纹”这个名字反映了它的结构逻辑和建造过程。混凝土沿着与主应力线成正交的平面进行层积打印，塑造了一个纯受压力的“条状”拱壳结构，因而砌块之间也无须额外加固。[1]

1　项目描述及图片注释由扎哈 · 哈迪德建筑事务所计算设计部门提供。

条纹桥，2021 年威尼斯建筑双年展，
扎哈 · 哈迪德建筑事务所和布洛克研究团队

左图：水波椅（Puddle Chair），扎哈 · 哈迪德设计与 AI Build 公司，展出于“元乌托邦——过程与诗意之间”展览，ZHD 画廊，伦敦（2017 年）。这把座椅设计探索了自由形式的多色彩（黑色和蓝色）机器人 3D 打印建造技术。坐垫的空间框架在轻质性、坚固性和结构完整性等方面进行了优化，表面采用人造布料覆盖，并呈现有趣的水波纹理，塑造一种舒适的座椅表面

右图：软体（Cirratus），3D 打印混凝土花瓶，扎哈 · 哈迪德建筑事务所计算设计部门设计，XtreeE 公司制作，伦敦 / 巴黎（2017 年）。该设计是对建筑师阿尔瓦 · 阿尔托（Alvar Aalto）的经典花瓶进行的参数化诠释，通过定制化算法生成复杂的双曲面几何形式，遵循并利用特殊的混凝土 3D 打印技术约束，表达出层积打印制作的过程

建构主义作为建筑和设计领域的一种新范式和新风格，其当前的大部分作品仍然是小尺度的实验型项目，或是展览中的艺术展品项目。通过这些作品，我们同样可以对新的美学体验和技术可行性进行检测，并通过公众的反馈，揭示了一种具体的未来可能性。这些作品提出了技术、美学，以及社会层面的创新。不断迭代的建造技术在这里成了推动空间形式革新的引擎，而新的形式又会反过来激发潜在的社会进步。

在 2017 年，由伦敦扎哈·哈迪德设计（Zaha Hadid Design）画廊主办的名为“元乌托邦——过程与诗意之间”（Meta-Utopia—Between Process and Poetry）的展览中，我们展示了当前机器人建造和制造领域的各种前沿实验技术，包括大尺度多材料 3D 打印技术、不需要模具就能将线条凝固在三维空间中的机器人塑料挤出技术、混凝土 3D 打印技术、机器人离散组装技术、机器人热线切割技术，

以及机器人板材弯曲折叠技术等。每一种建造方式都在展品中刻印了其独特的、显著的技术特征，包括设计整体形式的约束条件、材料和质感等。这意味着痕迹（faktura）的概念在我们当今的机器建造时代非常重要[1]。机器建造技术创造性地呈现了新的形式多样性和美学表达，拓展了参数化主义的边界，超越了以往盛行的光滑曲面形式语言。这既促进了算法设计的创新，同时也推动了建筑符号学表达的发展。根据我提出的建筑学自创生系统论，新的建筑风格既体现了新的形式概念，也体现了建筑功能或社会组织的新可能性，并且这些都与新技术所提供的机会息息相关。在文化多样化的驱动下，社会组织与互动模式不断发展，进而不断地对新的建筑形式提出需求。建构主义既可以提供新的形式多样性，同时也保持着与 21 世纪相符的美学风格（从而避免倒退回复古风格）。建构主义通过利用独属于 21 世纪的建造技术，确保了其符合 21 世纪风格的形式创造性。

参数化礼服

伦敦 / 纽约，帕特里克·舒马赫与瓦西里亚·齐瓦尼奇（Vasilija Zivanic）（2013 年）

这件礼服是我首次涉足时装设计的作品。我认为主流时装设计还没有意识到计算机时代的数字设计潜力，也没有意识到由复杂的技术性能所驱动的设计精神。虽然我无意专注于时尚领域，但是为时尚领域的创新提出挑战并做出贡献也是极其重要的。正如建构主义所揭示的，我认为时装设计不应再完全遵从以实际穿着功能为核心的功能主义。当然，一种基于当代技术和当代生活方式的实际穿着功能，是 21 世纪任何时尚设计的必要基础条件。然而，在此基础上，时装设计需要针对不同的情境场合，呈现丰富多样的形式差异，从而建立起复杂的符号学表达系统，实现时尚设计的社会交流功能。对于以当代技术为基础的形式线索，我们可以从当代运动服装以及内衣服饰的设计和制造中找到相关参照。这里，免熨烫以及快速干燥只是最基本的需求。更重要的是，我们可以通过不同的材料刚度和弹性进行运动调节、温度调节和湿度调节等，这要求服装需要具备不同的厚度、吸水能力、穿孔性等。所有这些形式复杂度都可以通过参数化编织技术得以实现，

1　痕迹是指人工制品或艺术品制造过程中留下的视觉痕迹，它被视为艺术品品质的积极决定因素。这个概念出现在苏联时期先锋艺术和设计涌现的背景下。

参数化礼服，伦敦 / 纽约，帕特里克 · 舒马赫与瓦西里亚 · 齐瓦尼奇（2013 年）

如裁剪和组装多种差异化又相互关联的织物，或者数控编织梯度渐进变化的织物等。在这些技术的支持下，不同样式之间的混合表达，甚至不同样式表达之间的任意转换（例如，从运动休闲场合转变为正式场合，从自行车或慢跑运动场合转变为商务会议场合等）都能够成为可能。当然，这些想法只能由技术成熟的制造商或品牌来实现。针对时尚领域中的建构主义，我在这里的初步探索只是展示了一些新的潜力。

参数化礼服是由一种轻质、保暖且具有弹性的氯丁橡胶织物制成的，弹性让剪裁更加贴身，同时不会影响运动性和舒适度。几乎所有地方都用拉链取代了纽扣。激光切割穿孔图案不仅可以在需要的部位增加透气性，同时还优化了面料弹性，并且为服装的装饰 / 符号性表达提供了额外的潜力。我们的想法是塑造一件优雅、正式的礼服，同时在正式活动结束后就可以穿着它慢跑。

4.5 从符号学的“形式—功能”关联到系统化的“视觉—空间”语言

我们需要从理论层面探究的是建筑如何对社会进步做出贡献，即如何在日益复杂的协作化社会进程中提供创新性的空间秩序。随着社会进程变得更加多样化，对复杂且精细的社会行为的规范也越来越多地依赖于日益自由和自主的社会行动者的自我控制。因此，建筑空间秩序也必须与时俱进，将其运作模式从物理屏障的设置转变为交流阈值的梳理。建筑空间的社会属性取决于其承载信息的丰富性和信息交流能力，这就需要我们把建筑设计的目标定位为建立一种经过设计的视觉空间语言的意义系统。因此，建筑符号学成了提升学科的社会贡献的关键。

建构主义将可以在这种建筑设计的进程中扮演着重要的角色。尽管我在建筑设计期刊（AD）上发表的《参数化主义 2.0：重新思考 21 世纪建筑议程》（“Parametricism 2.0: Rethinking Architecture’s Agenda for the 21st Century”）一文中已经提出过这一论点，并激发学界和公众对这一全新建筑设计含义的关注，但是实际转变始终尚未发生。因此，本书将再次做出类似的尝试，引导这场建筑学运动朝着更高的目标发展，进一步掀起对建构主义的群体探索。

当前的很多设计实验都专注于探索新技术。因此，建筑师不可避免地被卷入一系列工程问题，成为“原型工程师”，并努力激发和引入工程领域的专家进行协作探索。然而，我们始终要认识到设计学（包括建筑学）和工程学科之间的本质差异。建筑学与工程学之间的界限在于建成环境的社会属性与技术属性之间的区别。在我们追求更为复杂的建成环境的过程中，各个学科任务之间的划分越是明确，它们之间的合作也就会愈加紧密。虽然建筑的技术属性所涉及的物质完整性、可施工性和物理性能都十分重要，但是建筑设计的核心仍然是建筑物的社会属性，即通过空间媒介建立社会进程的秩序，这一属性可以通过视觉上的可读性来实现。因此，建筑设计的核心任务是进行表达。然而，根据建构主义的风格和理论，正是新的工程和建造技术为建筑设计提供了新的表达形式。因此，只有大量增加技术上的可行选项，建筑设计才能同时兼顾技术基础和空间表现，也才能根据视觉可读性考量，在一种技术上可行的形式集合中进行自由选择和组合。

在理想情况下，建构主义的形式集合可以针对特定项目建立相应的意义系统。当然，这里的关键在于，建筑表达系统不应该受限于某种在空间形式和社会情景之间建立一对一映射的视觉图形辞典。相反，我们关于建筑符号学的探索是为了创造一种视觉空间语言，进而利用语法的组合能力来增强其信息表达能力。

虽然到目前为止，我们在此类探索中还没有实际的建筑案例，然而我在过去几年中指导的几个设计研究项目中，通过与学生共同完成的研究探索，在某种程度上示范了这种未来的可能性。其中，最突出的是伦敦建筑联盟学院设计研究实验室中的一些作品。

由于探索的目标是针对特定建筑场景建立相应的视觉空间符号系统，因此在这些设计研究项目中，我们选择了一些诸如大学校园、谷歌等科技公司的企业园区，以及一般的创新型办公场所等建筑类型，作为初始的设计实验对象。这些建筑场所都关联着我们当代最先进、前沿的高精尖领域，因此我们也希望通过建筑学探索来推进后福特时代的全新社会生产力。建筑创新必须与这些社会领域的创新紧密关联，并与之相契合。正是在这些前沿社会领域中，社会进程的复杂性得到了最充分的表达，其伴随的社会互动与交流也最为频繁而充满活力。空间使用者的行为不再仅仅处于并行的状态之中，而是相互交融，并整合在复杂的协作模式里。相比之下，商业或居住领域的社会进程要简单得多，相互整合程度也较低，它们表现出的并行模式更倾向于通过加法而不是乘法来运作。在确定了设计实验的建筑场景之后，下一个决定便是优先考虑内部空间而非外部空间。针对社会协作进程，虽然城市环境很重要，但往往最关键、最复杂的社会互动发生在具有特定场景的室内空间。

接下来，将重点介绍我在伦敦建筑联盟学院设计研究实验室带领学生完成的一个设计研究项目，作为参数化主义符号学的一个案例。该项目是由吴奕辉、王磊和徐雁玲三位学生在我和皮尔安朱尔 · 安吉斯（Pierandrea Angius）的指导下完成的。这个针对参数化主义符号学的设计研究项目主要关注视觉空间语言的设计，即设计一种具有明确词汇和语法的符号系统或语义系统，再将具体的设计项目理解为该设计语言诸多可能的应用场景或“表达含义”中的一个具体实例。

所有符号学设计的前提是建立两个相互关联的区别系统，一个是能指或符号系统，另一个是所指或意义系统。理解和区别这两种系统是至关重要的。符号学的创始人、瑞士语言学家费迪南德·索绪尔（Ferdinand de Saussure）首先强调了这一点。所有词语含义都是相对的，只有在与其他词语的区别和关系中才能获得其含义。一种语言的运作总是建立在一个完整的区分系统的基础上[1]。在符号学系统的设计中，能指范畴的区别与意义范畴的区别是相关联的。在建筑符号学中，能指的范畴是建筑形式的世界，即空间及其定义的组成部分或属性，而所指的范畴是各种可能的社会情境。

这里介绍的项目是为创业孵化器设计的一个工作环境。在这样的建筑中，众多不同的社会情景必须加以区分，许多不同情景所对应的空间也必须具有不同的特征，因此，建筑中每个空间都是由多样化属性的组合所定义的。在设计过程中，每个独立空间的设计都需要从语言的词汇和语法中选择适当的表达选项。词语会被有序地分成类别、次级类别，或是有符号学的编码记录，如位置、空间形状、边界类型、颜色或材料等。这些编码记录对应意义维度上的社会情境，使得在空间中的目的也是可以选择的：目的地还是流通空间、商务还是社交、工作还是会面、公共的还是私人的、可预订的还是已预订的等。

为了解释设计的系统，我们需要介绍的第一个区别是有界空间和无界空间的形式区别。从社交意义的角度来看，这种形式上的能指区别对应的是商业空间和休闲空间之间的区别。这一形式的区别承载着目的地与流通空间的更深层次的功能意义。在有界的商业空间中，我们引入了凸与凹空间的附属区别，旨在对工作空间和会议空间的社会区别进行编码。

这里所引入的区别，无论有界和无界，还是凸和凹，都是相当抽象的，在形状和大小上允许有大量的变化，并且不会破坏所有可能变化中存在的独特意义，下图显示了这一点。由于这种抽象性允许参数变化，符合参数化主义的原则，因此我

1 Ferdinand de Saussure, *Course in General Linguistics* (French: *Cours de linguistique générale*), Geneva 1916: p.113.

们会进一步讨论参数化符号学。

我们引入了两个进一步的区别，它们都与之前所引入的区别有交叉，同时两者间也相互交叉。会议和工作空间可以是私密的、半私密的，也可以是通过粗线边界、虚线边界或细线边界表示的公共空间。公共工作 / 洽谈区域可能是共享办公风格的共享工作区域，或者属于特定初创公司的私密区域。灰色或白色等颜色差别进一步编码了已预订的或可预订的空间。这些区别所提供的选择是可以自由组合的。当然，所有可能的组合都必须以意义成立为前提。如果无法形成具体的语义，则必须对该组合加以限制。这种限制或者缺失构成了符号组合的基本规则，也就是由语言的语法决定。

空间视觉辞典：两层有层次地区别和定义了空间形状：有界与无界的空间区别定义了社交上商业与休闲的区别。在有界的空间里，凸与凹分别定义了社交中会议与工作的区别

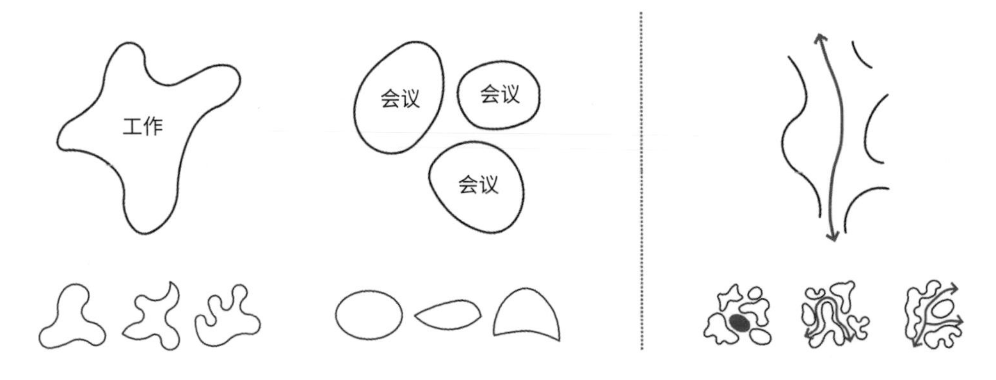

在这里，我们可以看到基于语法的语言是如何通过乘法来操作的，以及如何通过利用组合学强大的表达能力来实现。3 种区别的系统在这里提供了 12 种不同信息的表达。如果我们在这个组合游戏中加入有界 / 无界的区别，将得到 24 种不同信息的表达。参数符号学范式的另一个特点是不将区别作为一种严格的二分法进行操作，而是作为一种对两极的定义，进而产生渐变梯度意义变化。在形式上，这可以通过在渐变梯度的两极之间“插入”或“变形”来实现。然而，只有当我们

		可预定			已预定		
		公共空间	半私密空间	私密空间	公共空间	半私密空间	私密空间
商业空间	工作						
	会议						

这个矩阵显示了 3 种区别如何相互组合，产生 12 种不同的表达

能够有意义地在社会交往领域中设想相应的梯度变化时，这个方法才有意义。在当代的动态工作环境中，确实存在这样一系列的情境渐变梯度图谱，一个极端代表的是绝对意义的集体会议情境，另一个极端代表的是绝对意义的个人工作情境。如果我们在这两极之间架设一个有 8 个等级的渐变梯度，并将这 8 种选择与上面引入的 2 种区别结合起来，我们就会得到 96 种选择。在具体的设计案例中，我们可以只使用其中 3 个选项。

参数符号学：凸与凹的二分法被转化为两极之间的渐变梯度形状图谱，其中每个形状所具有的凸起或凹陷的特征形成了连续的变化

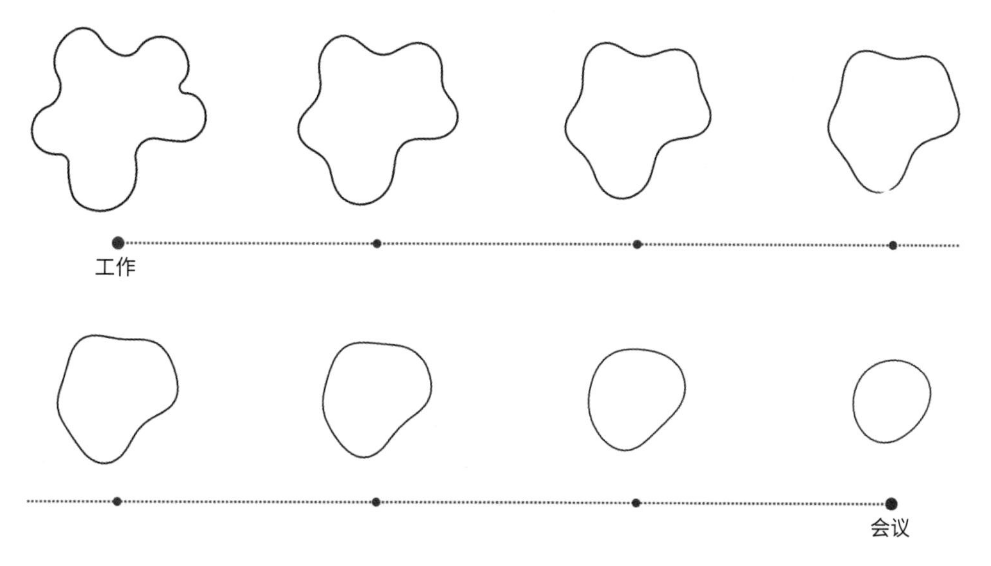

如上所述，一种语言的语法规则规定了如何将符号单元组合成完整的符号，同时也规定了如何将多个符号组合成完整的文本。因此，我们在建筑项目中也需要设计符号组合的语法规则，以及解读符号单元或符号组合的相关语义，以确定符号文本的整体意义。可以预期的是，建筑设计词汇表的下游组合可能会产生各种问题，从而限制并反馈到词汇表本身的设计中。此处的图解探索了将工作空间和会议空间结合起来的可能性，并表明凸形的会议空间能够也应该嵌入凹形的工作空间中，同时，其他相邻的工作空间也可以产生类似的互锁。最终，我们将可以设计一套空间的嵌套语法规则。

在当代建筑中，由于解构主义的历史影响，我们通常会关注空间领域重叠的可能性，而且这种重叠对于设计来说通常是有利的。随着社会复杂性和交往强度的增强，将社会进程的空间组织限制在整齐划一的区域内变得越来越成问题。与其从这种分区秩序跳到任何地方都混杂在一起的无序状态，我们更关注允许特定社交功能及其各自领域之间的重叠，并为之匹配特定的分配和连接规则。这种重叠性操作是参数化符号学中反复出现的另一个特点。我们并不能保证任意词汇都能有其具体的意义，或在相互重叠时都能有连贯的表达，但在本文提及的设计中，我们设置的词汇是可以在重叠时保持一个连贯的意义系统的。当两个凹形的、类似阿米

嵌套空间的语法规则：凹凸空间的词汇有助于组织有效的空间聚合。嵌套还表示这些空间属于一个整体

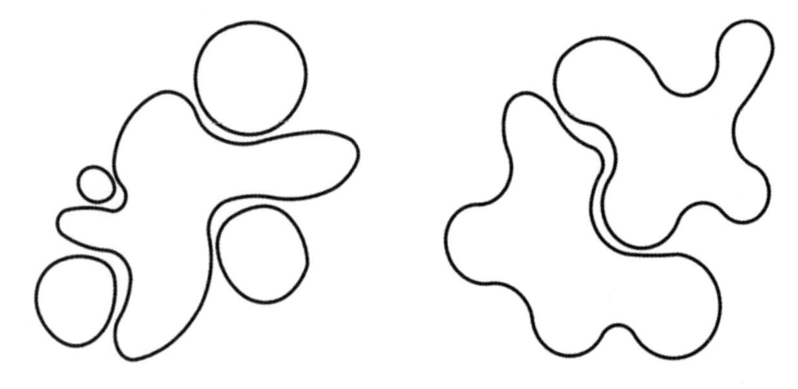

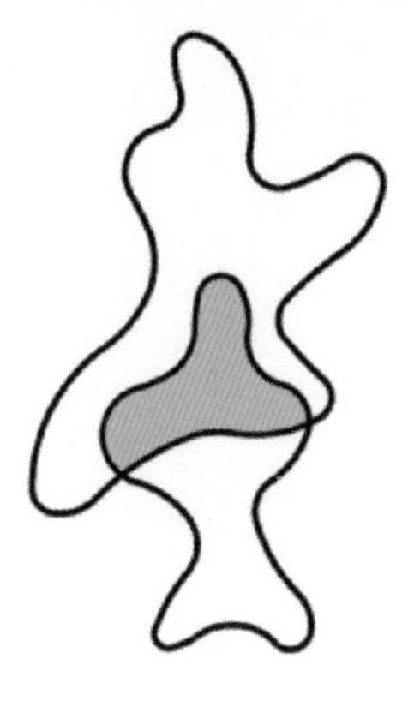
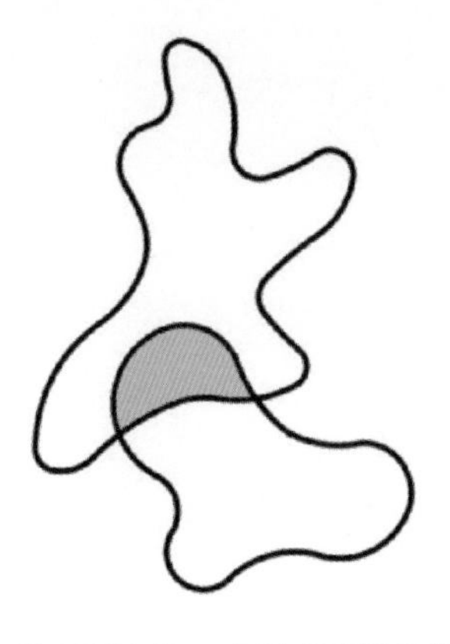
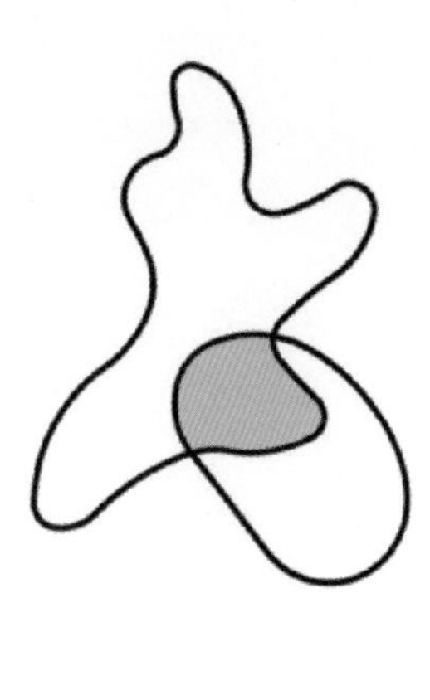

重叠条件的语法：两个凹形工作区域产生一个新的凹形工作空间，并同属于两者。或者，两个凹形工作区域可以通过重叠而生成一个共享的凸形会议空间，而工作区和会议区的重叠能生成新的会议空间。这些结果都具有相应的意义，并与初始的定义一致

巴形状的工作空间重叠时，可能会产生一个新的凹形的工作空间，即代表着两个工作组可能在一个专门的协作区域进行协作，或者产生一个新的凸空间作为共享的会议空间，同时这个会议空间又同样属于两个重叠的工作空间。当凹形的工作区域与凸形的会议区域重叠，会产生新的凸形的会议空间。这在某种情形下也是有意义的，因为属于特定工作组的会议空间同时可能被归属于更大的会议区域。

下一步是构建符号学系统的复杂性，解决限定空间和非限定空间之间的初始区别。这种区别可以遵循一种二分法，即有一个明确的标准：限定空间是被边界包围的空间；非限定空间是在这些限定空间之间流动的连续空间。就算限定空间的边界线很长，蜿蜒曲折，但只要它最终闭合成环路，这个标准仍然适用。当然，这种区别也可以变得模糊，甚至变成一个有序的渐变梯度图谱。在渐变梯度图谱的一端是完全封闭的限定空间，这是可以清晰定义的。之后，我们可以定义有些空间虽然边界近乎完全闭合，但总会留出一个小的间隙。再之后，随着这种间隙的逐渐增加和增大，使得限定空间和非限定空间之间的区别变得越来越模糊。从空间意义上看，这些空间定义之间的模糊性可以解释为，用于正式合作的商业空间和用于休闲交往的社交空间之间的区别正在变得模糊。当一个建筑提供了许多这种中间情况的空间时，会更加有利于非正式的沟通和协作的发生。

我们这里介绍的这个项目正是利用了符号学系统所提供的这种可能性，通过引入一个由东向西逐渐转变的变量，构成了一种特别的空间布置方式，即限定空间和非限定空间之间的区别在西端非常清晰，而向东移动时则逐渐消失。这意味着，正式 / 非正式社交活动所对应的形式编码被其位置编码进一步强调。这种强调在某些情况下是十分重要的，如某些情况下信息可能会被忽视，或者某些信息非常重要，需要进一步强调。这个模型中同时显示了另一种信息强调：从带有限定空间 / 非限定空间二分法的区域过渡到模糊状态的渐变梯度中，通过颜色对比度的梯度处理，使信息得到了进一步加强。例如，当我们走进模糊区域时，对比色差会逐渐消失。这时，这种有序渐变的梯度信息也会反过来提供相应的位置信息，因此也发挥着导航作用。

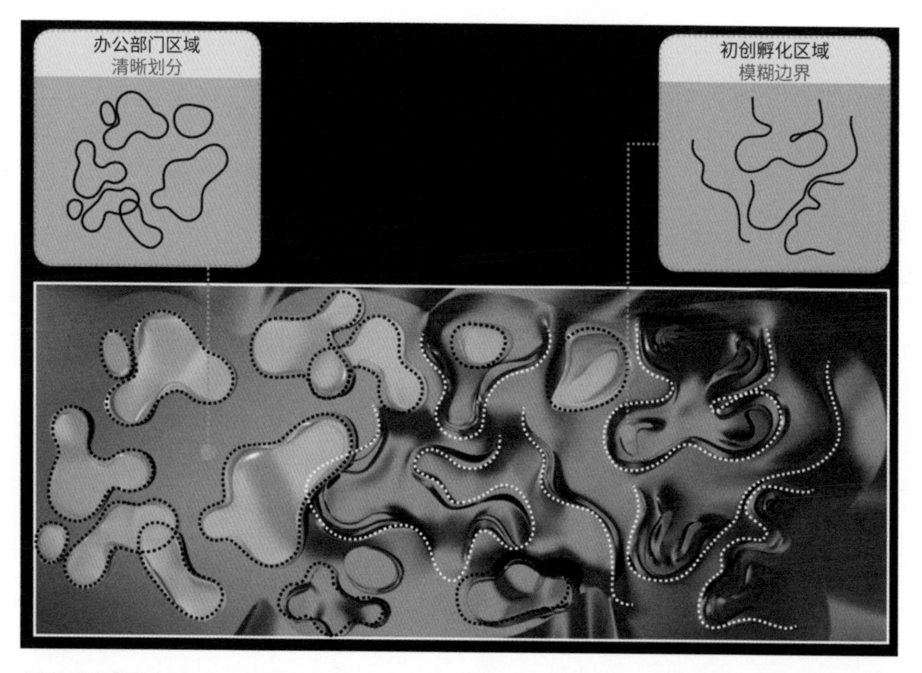

渐变梯度的场域条件：从西（左）向东（右）移动时，限定空间和非限定空间的二分法逐渐消失。随之，商务沟通和社交沟通之间的区别越来越模糊，而工作和会议之间的区别仍被保留下来

在这个项目的三维空间的细节里，空间边界本身的模糊性可以表示为，从平台边缘或墙体等强分隔向异形台地边缘等弱分隔的逐渐过渡，这种过渡也代表着我们进入了模糊区域以及闭合边界较少的区域。在这种空间里，人们可以获得多种局部形态上的线索，这些线索可以暗示他们在从正式到非正式空间的渐变梯度中所处的位置。

上图：通过三维空间内的装饰与表达，从西到东形成从限定到非限定的渐变，另外通过明暗颜色对比的渐进变化，对空间信息做进一步强调

左下、右下图：渐变梯度中模糊空间一端的三维细节表达

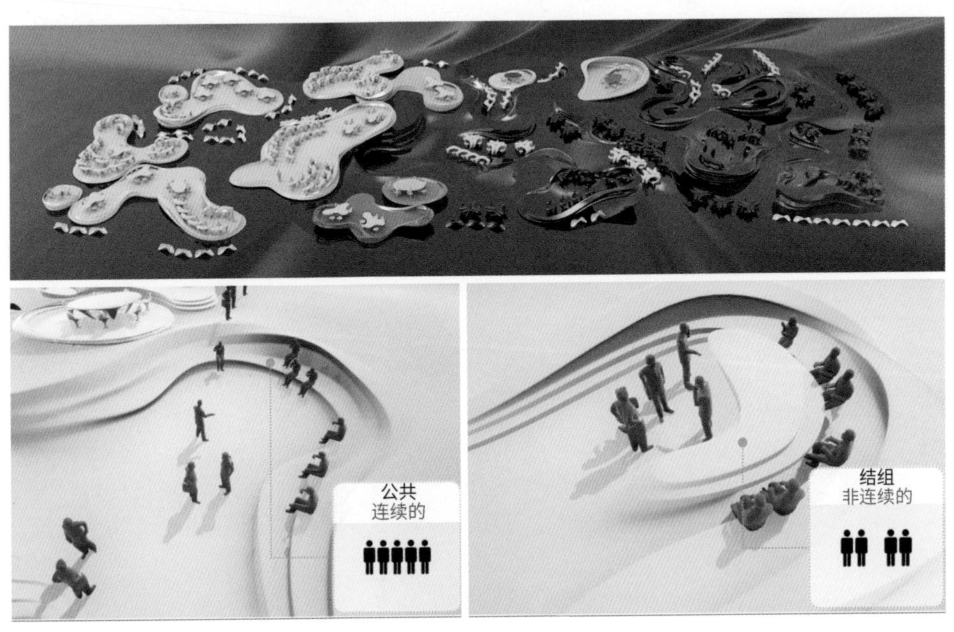

凸形 / 凹形与会议 / 工作之间的语义区别规则，重新应用在了家具尺度上

最后，建筑符号学系统还包含了家具、天花板，以及照明设计的符号学表达。在这个项目中，家具尺度上的相关设计，重新采用了基于凸形与凹形的语义区别，实现了对会议与工作空间的指涉。这种对形式—语义规则的重复使用，使得整个语言体系在识别度上减轻了使用者的负担。此外，这种形式—语义规则的选择也是出于对实用社交功能的考虑。凸形桌子或凸形空间更适宜作为会议桌或会议空间。与之相反，凹形或弯曲的、曲折的形式则更适用于工作区域。

透视视角下模糊、非正式的渐进变化末端空间

透视视角下模糊、非正式的渐进变化末端空间

我们从这个项目中可以看到，虽然能指符号就其交流功能而言，是可以任意选择的，但在建筑符号学的语境中需要考虑相关的约束。能指符号实际上通常会被预先设定的形式范围所限定，而这些形式往往都具备所要表达的社会交往目的。我们在这里可以进一步看到的是，我们最初提出建筑符号学系统时所预设的相对自由度越来越受到既有建筑规定的限制，因此，我们应该期待并探索建筑符号如何像文字语言一样，通过类比修辞（而不是任意创造）来扩展词汇。

这里所展示的项目旨在说明，一个相对复杂和微妙的建筑符号学系统是如何在一系列简单、直观的形式—功能或形式—意义关联系统的基础上逐步建构起来的。这里，它为一种具有变革性的参数化建筑符号学提供了一个初步的例证，展示了建筑如何通过提高信息密度和沟通能力，提升学科竞争力，提升建成环境的社会建构作用。

上述项目作为参数化符号学领域的一种探索，主要采用了褶皱形态学、仿生形态学和集群形态学的风格，但尚不具备建构主义的严谨性和表现力。我们很容易想象，这些早期的参数化主义形式可以在建构主义中被进一步发展。然而，难点在于如何在满足基本工程合理性的同时，实现上述建筑空间的社会属性。对于伦敦建筑联盟学院设计研究实验室的学生来说，需要另一个完整的学习周期才能获得相关能力。

接下来，为了说明如何利用工程逻辑的特征去塑造社会属性特征的可能性，我选择了 4 个实验性项目，并将其排列成一个矩阵，阐述可能存在的建筑符号学应用。这 4 个实验性项目是斯图加特大学每年都会在校园内建造的研究性展亭。我认为它们都是具有高度复杂性和独创性的建构主义范例。这些展亭是在阿奇姆·门格斯和简·尼普斯（Jan Knippers）教授的指导下，由斯图加特大学研究团队设计建造的。在团队中，阿奇姆·门格斯是计算性设计与建造研究所（ICD）的代表，而简·尼普斯则代表着建筑结构与结构设计研究所（ITKE）。可以肯定的是，这些展馆的构思与符号学理念并没有任何联系。当将它们放在一起时，也无法作为一个完整的建筑群或建筑形态系统，进而以系统符号学的方式进行关联。然而，这并不妨碍我们在这里选取并关联这些独立构思的形态，并将它们分别想象成一个完整语义系统的一部分。虽然这 4 个展亭形态各异，但它们的结构在差异性里又显现出明显的相似性——这 4 种展亭设计不仅都遵循着建构主义原则，而且都采用了轻质的壳体结构，因此表现出相似的形式特征。我们将 4 个展亭组织成一个简单的 2×2 矩阵。如果我们从水平方向解读矩阵，可以发现每行中的展亭都具有相近的颜色和材质，即第一行是木材，第二行是碳纤维。如果我们从垂直方向解读矩阵，则会看到每列展亭在某种程度上共享着同一种结构几何逻辑：在第一列中，结构是由六边形单元构成的，而第二列则是由连续线性单元构成的。在这种差异性和相似性的相互重叠维度中，我们可以建立起一种符号学系统。每个空间通过物质性和几何性这两个方面进行区分（对比），同时通过这些方面进行关联（成组）。通过这种方式，每个空间可以积累多个语义成分，最终建立起一种复杂的语义系统。

ICD/ITKE 研究性展亭，阿奇姆 · 门格斯和简 · 尼普斯教授指导，斯图加特大学（2012—2015 年）

接下来，我将进一步介绍 3 个参数化符号学的设计研究项目。尽管这些项目也都利用了源自工程逻辑的形式特征去建构语义特征，然而这些项目的符号学系统并没有像上面介绍的伦敦建筑联盟学院设计研究实验室项目那样具有复杂性和系统性。这里将介绍的 3 个项目，是 2013 年秋季我在哈佛大学设计研究生院任教时指导的部分设计课作品，当时我的教学搭档是马克·福恩斯[1]。

---

1 我们的教学助教是胡安 · 帕布罗 · 乌加特（Juan Pablo Ugarte）和贾里德 · 拉姆斯代尔（Jared Ramsdell）。学生名单：亚历山德罗 · 博卡奇（Alessandro Boccacci）、科诺尔 · 科格兰（Conor Coghlan）、马克 · 艾希勒（Mark Eichler）、克里斯托弗 · 埃斯珀（Christopher Esper）、华绍良（Shaoliang Hua）、凯拉 · 林（Kayla Lim）、费利克斯 · 梁（Felix Luong）、约翰 · 莫里森（John Morrison）、约瑟夫 · 罗斯（Joseph Ross）、萨基斯 · 萨基斯扬（Sarkis Sarkisyan）、谢洁（Jie Xie）、许伟舜（Weishun Xu）、胡安 · 亚克塔约（Juan Yactayo）。

主动弯曲壳体，科诺尔 · 科格兰和华绍良，舒马赫 / 福恩斯设计课，哈佛大学设计研究生院（2013 年）

我们当时提出的设计课概要如下：“建筑设计师需要能够适应并有直觉地介入建筑环境中自发形成并经由历史演变的符号系统。此次设计课的目的是从直观地参与一个不断演变的符号系统，转变为建立明确的符号学设计议程，将大型建筑综合体（如产业园区）的设计作为一个机会，去建构新的、连续的空间形态和语义系统。苹果、谷歌、脸书等前沿的创新型企业是这种设计方法的完美对象，也是能够创造符合 21 世纪建筑需求的最佳实践案例。苹果、谷歌、脸书等企业需要一个足够庞大和复杂的社交矩阵和交流环境，从而为丰富的建筑语汇设计带来需求和机会。我们设计的园区应该是一个信息密集且紧密联系的环境，通过对预期的多种社会交流场景进行编排和编码，促进空间中的流动与交流。”[1]

这里选择的 3 个设计课项目都使用了复杂的壳体结构单元进行组合。虽然这 3 个

1　相关成果的完整档案，请参阅: https://parametricsemiology.wordpress.com。

主动弯曲壳体，科诺尔 · 科格兰和华绍良，舒马赫 / 福恩斯设计课，哈佛大学设计研究生院（2013 年）

项目都始于物理模型的材料找形实验，然而对物质形式的探索过程不尽相同，从而形成了不同的壳体几何形状和不同的建构细节表达。这些项目的相似之处在于，每个壳体组合系统都允许在参数的驱动下产生尺度和比例上的渐进变化。此外，每个壳体组合系统都允许多样化的组合操作，如壳体嵌套、壳体交会或壳体融合。在这些项目中，我们引入了曾经在伦敦建筑联盟学院设计研究实验室教授的设计方法，通过开发相应的算法对物理模型的材料生形过程进行模拟，进而对建筑空间形式进行进一步操作。

在第一个项目中，主动弯曲壳体参考了弗雷·奥托的曼海姆多功能厅，通过木条的主动弯曲生成网壳结构形式。这个项目的特点在于通过单元聚合形成了柔和、起伏的连续壳体形式，并创造多样的天窗和庭院空间。庭院的开口处用一根边梁加固。在波状起伏的波谷区域，通过引入特殊的扇形支柱来支撑壳体结构（由于必须避免壳体的荷载集中，这些薄的网格壳体需要在地面上设置多个支撑点）。

第二个项目是悬链线场域（Catenary Fields），其设计先例是高迪的悬链线找形模型。这个项目建立了一个壳体结构的场域，其中每个壳体形式都是由相互关联的悬链线阵列生成的。这个项目的特点是，悬链线壳体在建构细节表达中被细分为更小的悬链线拱，这些次级悬链线拱以分形算法进行分布，形成了采光洞孔的矩阵。

悬链线场域，亚历山德罗·博卡奇，舒马赫 / 福恩斯设计课，哈佛大学设计研究生院（2013 年）

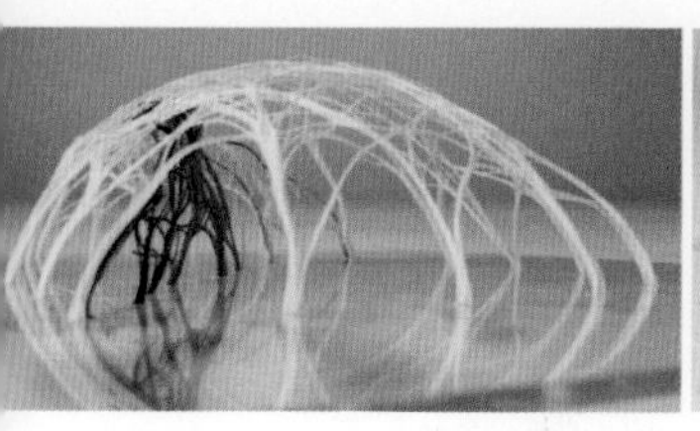
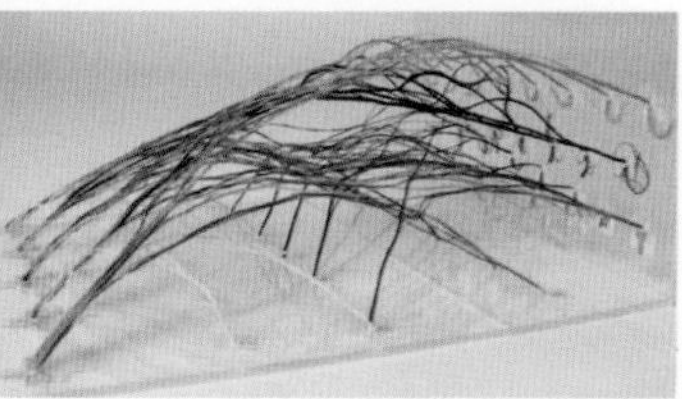
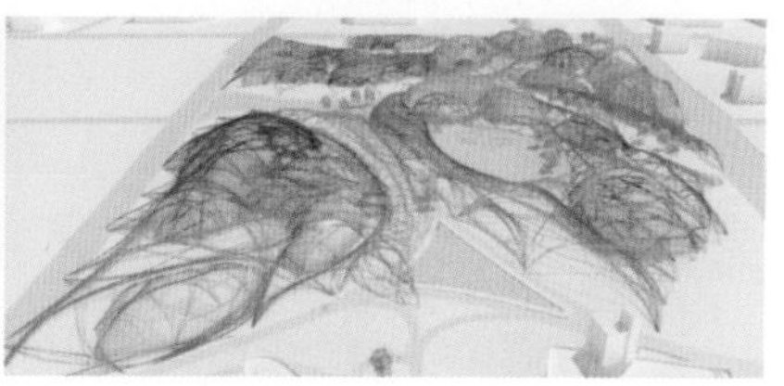

毛线编织，约翰 · 莫里森，舒马赫 / 福恩斯工作室，哈佛大学设计研究生院（2013 年）

第三个项目名为毛线编织（Wool Threads），其参照的是弗雷·奥托的毛线编织模型。这种毛线编织模型最初被用于城市路网绕行系统的模拟优化。然而，在这个项目中，这种模型被用来模拟结构中的荷载传导路径网络，其原理是将许多细线捆绑成更大的集束，以回应不同路径中的荷载大小。这个项目中开发的组合算法系统允许壳体的堆叠 / 嵌套以及交叉，同时，壳体的大小和形状也各不相同。另外，与其他两个项目的参数化建构系统一样，这个项目也允许根据不同的轮廓、高度和支撑条件对壳体结构系统进行自适应的组织优化。

毛线编织，约翰 · 莫里森，舒马赫 / 福恩斯设计课，哈佛大学设计研究生院（2013 年）

尽管这些实验性项目都呈现了对美学和结构理性的兼顾，但是也都揭示出一定的困难和局限性。在类似谷歌企业新园区这类项目的规模下，尽管参数化算法具有极高的形式自由度，但也难以避免地呈现了一定的重复性和单调性。虽然可以肯定的是，这里所呈现的建构系统的多功能性，以及在一个连续体系中呈现的内部变化能力，都比极简主义或高技派的风格更具丰富性和优势，但是我们也需要认识到，由于采用了一种单一系统的解决方案，这里展示的建构主义项目没有提供足够明显的空间本质变化，从而难以满足大型企业园区的多样化需求（例如，有着众多多样化功能需求的谷歌企业新园区）。

基于这些反思，一种可能的解决方案孕育而出：在理想情况下，对于像谷歌企业新园区这样复杂且内部高度差异化的建筑，我们可以同时引入多个建构系统。以上述项目为例，这意味着将 3 个项目进行融合，在同一个复杂的项目中，对 3 种建构形态系统进行并置或叠加。这样既可以避免出现重复，造成单调感，同时也不会导致多样化形式之间的剥离。上述 3 个项目尽管在形式逻辑上截然不同，但是由于都在建构主义的范式下操作，因此具有足够相似的本质原则，从而可以通过融合实现既相互统一又有所区别的整体式解决方案。

在当代建筑实践中，为了在诸如大型产业园区的项目中引入多样性，往往会将项目进行拆解，分配给不同的建筑师。在这种情况下，由于每个建筑师的工作方式完全不同，因此时常会造成园区建筑风格的不协调，瑞士巴塞尔的诺华制药（Novartis）园区就是这样一个例子。相比之下，在统一的参数化主义风格及建构主义亚风格的假设前提下，大型产业园区项目是可以避免陷入这种拼贴状态的（不相关的形式碰撞并造成视觉混乱）。在一定的尺度规模内，一个建筑师也可以在建构主义的工作范式下，创造多样化的空间表达。当超出一定的尺度规模时，如在城市设计的尺度上，建筑师们可以相互协作，通过丰富的空间表达，来促进城市区域内的社会交往进程。假设参数化主义和建构主义已经成为 21 世纪的主流风格，并且没有其他的并行风格，那么将不会出现众多相互不协调的建筑师作品试图（却永远无法）打造一个统一、连贯的城区的情况。

4.6 关于秩序与自由的风格演进

当我们的学科逐渐走向一种统一的时代风格时，我们的城市也将免于遭遇由学科分裂而造成的视觉混乱（这种视觉混乱在我们当今的建成环境中几乎随处可见）。因此，统一的建筑风格是统一的城市环境的前提条件，而统一的城市环境又是在面对复杂社会场景时保持建筑可读性的先决条件。然而，我们也需要认识到，绝对的统一性也是不可取的。在 21 世纪，我们需要的统一性，必须是参数化主义和建构主义所提供的那种复杂的、自适应的、具备差异化潜力的统一性，只有这样才能为建筑学提供足够的形式资源和计算方法，从而在城市环境中应对由市场驱动的自我组织进程中的偶然性。另外，参数化主义也是唯一一种能够建构复杂协同关系的建筑风格，这种协同关系已普遍存在于当代城市多样化的集群和连接进程中。参数化主义允许形式之间产生共鸣，相互适应，相互关联。尤其是建构主义，可以根据地形、气候和材料条件，进一步塑造独特的城市特征。

参数化主义以及建构主义的优势可以通过这样一个类比进行阐释，即将无统一规划的、交互共创的参数化城市主义类比于多物种的生态系统。在自然环境中，各种生物及其特征通过一系列规则相互组合，创造了一种复杂、多样的生态秩序，同时又以各种自然法则复杂的相互作用作为基础，这种秩序在各种有机和无机子系统之间建立了系统性的关联，最终形成了我们所见的自然景观。地形起伏与河流路径相互作用；河流、地形和太阳方位共同决定着植物群落的分布；植物群落与河流、地形又共同决定着动物群落的分化和分布；动物群落又反过来影响着植物群落，进而也影响着河流形态甚至地形风貌。因此，尽管这其中的因果关系错综复杂且往往是循环的，但是不同因素之间的关联性及其逻辑链条会从各个方向展现出来，并为那些穿越于这样的自然环境中的人们提供导航信息。这里的关键在于相关性和关联性的建立，而无关乎其中潜在的因果作用。在自然界中，每一种新的动植物都根据其自身的适应性和生存规则进行繁衍。例如，苔藓就算生长在背光的斜坡、台地、岩石表面，也会受到表面机理、太阳方位、岩石自遮蔽形态等因素的影响而形成明显的生长差异。随后，某种鸟类种群便会受到苔藓分布的影响，相应地在某些斜坡台地上筑巢。类比于新物种在自然中形成繁衍的方式，参数化主义则通过算法脚本对新的建筑子系统进行编码生成，并通过建筑子系统之间差异化的、基于规则的相互作用机制，来构建一种密集分层的城市环境。在这个由参数化主义或建构主义所架构的设计过程中，形态多样性和关联性可以同时被保留。每一位建筑师（创作者）都可以在对设计项目进行规则设定和脚本编程时表现出独特的创造力，并以自己独特的方式参与这种高度多样化且信息丰富的城市秩序的建构中。而在这种利用参数化建构的新城市功能秩序中，人在环境中基于直觉定位的导航也类似于动物在自然环境中对环境的认知与导航。

参数化主义，包括建构主义，本质上实现了对建筑“熵定律”的逆转。回看整个建筑史，以设计自由的扩张所换取的建筑多样性，显然是以放弃秩序为代价的。这似乎是一种不可避免的两难权衡：更高的自由度便等于更低的秩序性。这种历史风格演进中的“熵定律”只有在参数化主义出现后才得以逆转。参数化主义，尤其是建构主义，所带来的设计技术为建筑学提供了一种全新的、强大的建构秩序的能力，一种可以同时实现自由和秩序的能力。

如果我们回顾风格的历史演进过程，会发现在过去的 300 年里，建筑设计自由度和多样性方面的所有进步都是以牺牲城市和建筑秩序为代价的。也就是说，多样性的提升必须以建筑的建构秩序能力的逐步退化为代价。设计师自由度的增加伴随着建筑形式组合多样性的提升。这种自由度（多样性）的提升是建筑在追求与各种必要的社会复杂性相匹配的过程中的首要进步标准。如同从古典建筑到现代主义的转变一样，从现代主义到后现代主义，再到解构主义的转变带来了建筑自由度和多样性的扩展（以适应更复杂的社会），然而这是以放松或放弃序列等空间构成规则为代价的，从而导致了视觉秩序的退化。从古典主义到现代主义的转变中，对称性和比例被放弃。而从现代主义到后现代主义和解构主义的转变中，正交性、重复、平衡的不对称性以及部件（功能）的清晰分割，均被抛在了身后。

建筑秩序在逐渐遭到破坏，而这种长期发展趋势可以在参数化主义下实现逆转。参数化主义（及其所有的次级风格）提供了同时提升自由度和秩序性的能力，从而开创了建筑“逆熵”的新阶段。参数化主义在本体论和方法论上的激进创新为建筑学带来了两个维度上的巨大飞跃，即参数化主义通过算法规则，实现了建筑形式组合自由度的空前提高和建筑建构秩序能力的空前飞跃。

参数化主义是第一种通过新的组合规则（如从属关系、梯度和关联逻辑）提高其建构秩序能力，同时进一步提供了空间自由度和多样性的建筑风格。原则上，参数化主义中的所有设计动作都是基于规则的，因而可以在增加复杂性的同时增强视觉秩序，进而潜在提高建筑环境的可读性。参数化主义的所有次级风格均具备这种潜力。然而，建构主义与褶皱形态学、仿生形态学和集群形态学等次级风格之间又有着很大的不同，尤其在建构秩序的能力方面。建构主义在扩展了解决建筑问题的途径和建筑空间语汇的同时，通过向结构、环境、材料制造等工程学科中注入可利用的连贯性逻辑，使其成为建筑秩序性和连续性的驱动要素，而不是对设计师自由度的约束。事实上，建筑设计方法的扩展往往都是在新的限制中涌现出来的。尽管可以公平地说，从集群形态学到建构主义的演进引发了设计在多样性或选择性方面的进步，但是从第 144 页的图中可以明显看出，这一区段在秩序轴正方向的增值要远远大于在自由轴正方向上的变化。

参数化主义以及建构主义实现了建筑熵定律的逆转，自由度不再必须以放弃秩序性来换取。参数化主义的设计技术为建筑学提供了一种新的、强大的秩序建构能力，可以同时增强空间的自由度和秩序性。

总之，参数化主义以及建构主义是目前唯一可能成为下一个时代主流风格的建筑范式。无论曾经的后现代主义，还是解构主义，都无法避免地带来了视觉上的混乱，这种混乱使得差异性不断扩散，最终坍塌为一种全球化的同一性（白噪声）。后现代主义和解构主义建筑本质上都是通过拼贴来运作的，即以一种不受约束的方式积聚差异性。解构主义仅仅可以看作杂乱的后现代拼贴式城市进程的审美升华，只有建构主义才能够通过规则化的差异和多系统的关联，调和空间复杂性与秩序性之间的“矛盾”。也只有建构主义才能逆转放任式的自由城市化进程在全球各地产生的视觉混乱，以及千篇一律的白噪声。建构主义打开了一种由自由市场主导的城市化可能性，这种城市化在自下而上的过程中会产生一种新兴的、不受限于上层权力的涌现秩序和在地认同。建构主义的价值观和方法论原则倾向于从在地的自然特征和聚居形态出发，通过规则路径促成本土性的自我强化。建构主义对环境关联性及连续性的崇尚精神，会在本地的环境、地形、气候等基础条件上培育出独特的城市特征。

建构主义带来的城市秩序不像现代都市主义那样依赖于机理的统一和重复。不同于巴洛克或布杂体系（Beaux-Arts）下的城市总图，参数化主义以及建构主义本质上追求的是一种开放式的（未完成的）构成体系。其建构的秩序是关联性的，而非几何式的。参数化主义以及建构主义通过场域的规则区划、向量的导引形变，以及环境关联性和子系统交互性来建立秩序和方向，这既不关乎完成一个图形，也不像现代主义那样依赖一种统一、重复的机理。参数化主义以及建构主义总是有许多（本质上甚至是无限多的）创造性方式来进行变形、附属和关联，只要建

风格的演进

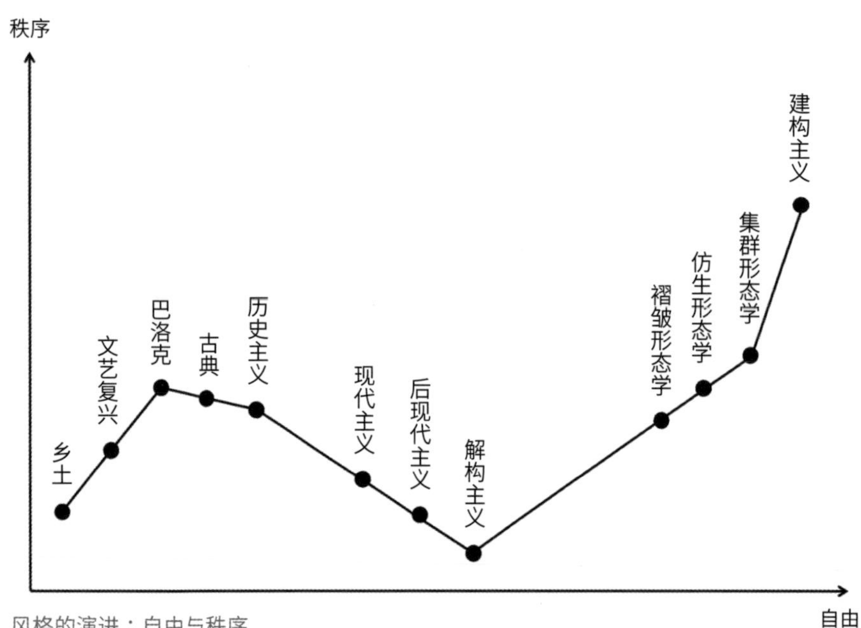

风格的演进：自由与秩序

筑师掌握了所需的技能，并在一种批判视角和竞争压力下，在一种新的时代风格、范式和精神中进行创作，就可以创造一种独特、不可预判的，却可读、清晰且具有导引作用的空间秩序。因此，成为主流后的建构主义将为自由市场下的城市秩序创造良好的前景。

当前，所有的城市在发展和扩张过程中都呈现了相似的、毫无特征的视觉混乱状态——我曾称其为“垃圾溢出的城市化进程”。而主流化的参数化主义及建构主义则可以让城市重新获得独有的特征和性格，使其从直观的视觉层面便可以被识别出与其他城市的区别。同时，这些特征、性格不是主观强加的，而是基于建构主义原则，从严谨、理性的设计探索和群体实践中逐渐涌现出来的。最后，我想强调的是，尽管建构主义本身便可以实现差异化和连续性的共存，但是如果我们同样将现象学和符号学的空间表达嵌入每一个实践项目中，我们的学科则可以取得更伟大的社会层面的成就。而只有当建构主义运动承担起这一额外的任务时，这一点才能够实现。本书的目的正是希望引导这场运动，甚至引导整个学科领域，走向这个终极目标。

参数化主义以及其演进的建构主义，毫无例外，明显优于当前所有其他建筑风格（甚至包括目前仍然受到追捧和推广的复古风格）。这意味着参数化主义有能力成为主流，结束自现代主义危机之后逐步形成的风格多元化问题。由于思维的惯性，这种多元化已经持续了太久。建筑风格的多元化必须让位于全面的、普遍的、主流的参数化主义（建构主义），才能使 21 世纪的建筑再次对人居环境产生至关重要的、决定性的、变革性的影响，就像现代主义在 20 世纪所做的那样，全面重塑我们这颗星球的城市面貌。

参考书目

01. Alberti, Leon Battista, On the Art of Building in Ten Books, translated by Joseph Rykwert, Neil Leach, & Robert Tavernor, MIT Press, Cambridge Massachusetts 1988.

02. Amin, Ash, Post-Fordism—A Reader, Blackwell Publishers, Oxford 1994.

03. Block, Philippe, "Parametricism's Structural Congeniality," AD Parametricism 2.0—Rethinking Architecture's Agenda for the 21st Century, editor: H. Castle, guest-edited by Patrik Schumacher, AD Profile #240, March/April 2016.

04. Blondel, Jacques-Francois, "Course of Architecture, 1771," Harry Francis Malgrave (ed.), Architectural Theory, Blackwell Publishing, Oxford 2006.

05. Boffrand, Germain, Book of Architecture Containing the General Principles of the Art, Ashgate Publishing, Aldershot 2003, French original: Livre d'architecture, 1745.

06. Booshan, Shajay, "Upgrading Computational Design," AD Parametricism 2.0—Rethinking Architecture's Agenda for the 21st Century, editor: H. Castle, guest-edited by Patrik Schumacher, AD Profile #240, March/April 2016.

07. Burry, Mark, "Antoni Gaudí and Frei Otto: Essential Precursors to the Parametricism Manifesto," AD Parametricism 2.0—Rethinking Architecture's Agenda for the 21st Century, editor: H. Castle, guest-edited by Patrik Schumacher, AD Profile #240, March/April 2016.

08. Conrads, Ulrich, Programmes and Manifestos on 20th Century Architecture, MIT Press, Cambridge Massachusetts 1971.

09. de Saussure, Ferdinand, Course in General Linguistics, Duckworth, 4th edition, London 1995, French original: Cours de linguistique générale, Geneva 1916.

10. Deleuze, Gilles & Guattari, Felix, A Thousand Plateaus, The Athlone Press, Minneapolis 1987, French original: Mille Plateaux, Paris 1980.

11. Eco, Umberto, "The Influence of Roman Jakobson on the Development of Semiotics," Martin Krampen et. al. (eds.), Classics of Semiotics, Plenum Press, New York 1987.

12. Fornes, Mark, "The Art of the Prototypical," AD Parametricism 2.0—Rethinking Architecture's Agenda for the 21st Century, editor: H. Castle, guest-edited by Patrik Schumacher, AD Profile #240, March/April 2016.

13. Frampton, Kenneth, Studies in Tectonic Culture—The Poetics of Construction in Nineteenth and Twentieth Century Architecture, MIT Press, Cambridge Massachusetts 1995.

14. Gabo, N. & Pevsner, A., "Basic Principles of Constructivism," Ulrich Conrads, Programmes and Manifestos on 20th Century Architecture, MIT Press, Cambridge Massachusetts 1971.

15. Gandelsonas, Mario, "From Structure to Subject: The Formation of an Architectural Language," Oppositions 17, Summer 1979.

16. Hensel, M. & Menges, A. (eds.), Morpho-ecologies, Architectural Association, London 2006.

17. Hirst, Paul & Zeitlin, Jonathan, Flexible Specialization Versus Post-Fordism, Routledge, London 1991.

18. Huang, X. & Xie, Y.M., Evolutionary Topology Optimization of Continuum Structures—Methods and Applications, John Wiley & Sons Ltd., Chichester, United Kingdom 2010.

19. Huebsch, Heinrich, "In What Style Should We Build?," German original from 1828: In welchem Style sollen wir bauen?, excerpt in: Harry Francis Mallgrave (ed.), Architectural Theory, Blackwell Publishing, Oxford 2006.

20. Institute for Lightweight Structures, SFB 230, Natural Structures—Principles, Strategies, and Models in Architecture and Nature, Proceedings of the II. International Symposium of the Sonderforschungsbereich 230, Stuttgart 1991.

21. Jencks, Charles & Baird, George (eds.), Meaning in Architecture, George Braziller, New York 1970.

22. Jencks, Charles, "Semiology and Architecture," Charles Jencks & George Baird (eds.), Meaning in Architecture, George Braziller, New York 1970.

23. Jencks, Charles, The Language of Post-modern Architecture, (1st edition 1977), 5th edition, Rizzoli, New York 1987.

24. Kipnis, Jeffrey, "Towards a New Architecture," AD Architectural Design, Profile #102, London 1993.

25. Laugier, Marc-Antoine, An Essay on Architecture, Hennessey & Ingalls, Los Angeles 1977, French original: Essai sur l'architecture, 1753.

26. Leach, N., Turnbull, D., & Williams, C. (eds.), Digital Tectonics, Wiley Academy, 2004.

27. Le Corbusier, The City of Tomorrow and its Planning, Dover Publications, New York 1987, translated from French original: Urbanisme, Paris 1925.

28. Le Corbusier, Towards a New Architecture, Dover Publications, New York 1986, unaltered republication of English translation of 13th French edition, published by John Rodker, London 1931, French original: Vers une architecture, Paris 1923.

29. Luhmann, Niklas, Social Systems, Stanford University Press, California, 1995, German original: Soziale Systeme: Grundriss einer allgemeinen Theorie, Frankfurt 1984.

30. Luhmann, Niklas, Die Desellschaft der Gesellschaft, Vols. 1 & 2, Frankfurt am Main, 1998.

31. Lynn, Greg (ed.), "Folding in Architecture," AD Architectural Design, Profile #102, London 1993.

32. Menges, Achim (ed.), "Material Computation—Higher Integration in Morphogenetic Design," Architectural Design, Vol. 82, No. 2, Wiley Academy, London 2012.

33. Menges, Achim (ed.), "Material Synthesis—Fusing the Physical and the Computational," Architectural Design, Vol. 85, No. 5, Wiley Academy, London 2015.

34. Metcalfe, Ballard, "A Structural Optimization of Félix Candela's Chapel of St. Vincent de Paul in Coyoacán, Mexico City," Princeton University Undergraduate Senior Theses, Civil and Environmental Engineering, United States 2014.

35. Meyer, Hannes, "bauen," Bauhaus Year 2, No. 4, Bauhaus Dessau 1928.

36. Murray, Robin, "Fordism and Post-Fordism," Stuart Hall & Martin Jacques, New Times, London 1989.

37. Muthesius, Hermann, Style-Architecture and Building-Art: Transformations of Architecture in the Nineteenth Century and its Present Condition, University of Chicago Press, Chicago 1994, German original: Stilarchitektur und Baukunst: Wandlungen der Architektur im XIX. Jahrhundert und ihr heutiger Standpunkt, Schimmelpfeng, Mülheim-Ruhr 1902.

38. Naumann, Friedrich, "Die Kunst im Zeitalter der Maschine," Kunstwart 17, July 1904.

39. Norberg-Schulz, Christian, Architecture: Presence, Language, Place, Skira Editore, Milan 2000.

40. Otto, Frei & Rasch, Bodo, Finding Form—Towards an Architecture of the Minimal, Edition Axel Menges, Stuttgart 1995.

41. Peirce, Charles S., Peirce on Signs—Writings on Semiotics, University of North Carolina Press, Chapel Hill & London 1991.

42. Perrault, Claude, Ordonnance des cinq especes de colonnes selon la method des anciens, University of Chicago Press, Chicago 1993, French original: 1683.

43. Pfammatter, Ulrich, The Making of the Modern Architect and Engineer—The Origins and Development of a Scientific and Industrially Oriented Education, Birkhaeuser, Basel 2000.

44. Preziosi, Donald, Architecture, Language, and Meaning—The Origins of the Built World and its Semiotic Organization, Mouton Publishers, The Hague 1979.

45. Preziosi, Donald, The Semiotics of the Built Environment—An Introduction to Architectonic Analysis, Indiana University Press, Bloomington 1979.

46. Rahim, Ali, Catalytic Formations—Architecture and Digital Design, Taylor & Francis, New York 2006.

47. Reiser, Jesse & Umemoto, Nanako, Atlas of Novel Tectonics, Princeton Architectural Press, New York 2006.

48. Schinkel, Karl Friedrich, Das Architektonische Lehrbuch, Deutscher Kunstverlag, Munich/Berlin 2001.

49. Schumacher, Patrik, "Parametricism: A New Global Style for Architecture and Urban Design," Neil Leach (ed.), "AD Digital Cities," Architectural Design Vol. 79, No. 4, July/August 2009. Reprinted in: Carpo, Mario, The Digital Turn in Architecture 1992-2012 (AD Reader).

50. Schumacher, Patrik, The Autopoiesis of Architecture, Volume 1: A New Framework for Architecture, John Wiley & Sons Ltd., London 2010.

51. Schumacher, Patrik, The Autopoiesis of Architecture, Volume 2: A New Agenda for Architecture, John Wiley & Sons Ltd., London 2012.

52. Schumacher, Patrik, "Tectonics—The Differentiation and Collaboration of Architecture and Engineering," Bearing Lines—Bearing Surfaces, Stefan Polonyi, MAI—Museum für Architektur und Ingenieurkunst NRW e.V., Ursula Kleefisch-Jobst et al. (eds.), Edition Axel Menges, Stuttgart/London 2012.

53. Schumacher, Patrik, "Parametric Semiology—The Design of Information Rich Environments," Architecture in Formation—On the Nature of Information in Digital Architecture, Pablo Lorenzo-Eiroa & Aaron Sprecher (eds.), Routledge, Taylor & Francis, New York 2013 (Chinese translation: Digital 2.0—Urbanism & Architecture #189–10.2015).

54. Schumacher, Patrik, "The Congeniality of Architecture and Engineering—The Future Potential and Relevance of Shell Structures in Architecture," Shell Structures for Architecture—Form Finding and Optimization, Sigrid Adriaenssens, Philippe Block, Diederik Veenendaal, & Chris Williams (eds.), Routledge, New York 2014.

55. Schumacher, Patrik, "Tectonic Articulation—Making Engineering Logics Speak," AD 04/2014, Future Details of Architecture, guest-edited by Mark Garcia, July/August 2014.

56. Schumacher, Patrik, "Design Parameters to Parametric Design," The Routledge Companion for Architecture Design and Practice: Established and Emerging Trends, Mitra Kanaani & Dak Kopec (eds.), Routledge, Taylor & Francis, New York 2016.

57. Schumacher, Patrik, "Introduction to Parametricism 2.0—Gearing Up to Impact the Global Built Environment," AD Parametricism 2.0—Rethinking Architecture's Agenda for the 21st Century, editor: H. Castle, guest-edited by Patrik Schumacher, AD Profile #240, March/April 2016.

58. Schumacher, Patrik, "Advancing Social Functionality via Agent-Based Parametric Semiology," AD Parametricism 2.0—Rethinking Architecture's Agenda for the 21st Century, editor: H. Castle, guest-edited by Patrik Schumacher, AD Profile #240, March/April 2016.

59. Schumacher, Patrik, “Hegemonic Parametricism Delivers a Market-Based Urban Order,” AD Parametricism 2.0—Rethinking Architecture's Agenda for the 21st Century, editor: H. Castle, guest-edited by Patrik Schumacher, AD Profile #240, March/April 2016.

60. Schumacher, Patrik, “Style—Aligning Architectural Styles with Societal Epochs,” The Architectural Review 120 (120th anniversary issue), 1437, December 2016/January 2017.

61. Schumacher, Patrik, “Tectonism in Architecture, Design and Fashion—Innovations in Digital Fabrication as Stylistic Drivers,” AD 3D-Printed Body Architecture, guest-edited by Neil Leach & Behnaz Farahi, Architectural Design, Profile #250, November/December 2017, 06/Vol 87/2017.

62. Schumacher, Patrik, Zheng Lei, “From Typology to Topology: Social, Spatial, and Structural,” Architectural Journal, No. 590, 2017/11, Source journal for Chinese scientific and technical papers and citations; Sponsor: The Architectural Society of China, Chief editor: Cui Kai.

63. Schumacher, Patrik, “The Progress of Geometry as Design Resource,” Log, Summer 2018, Issue on Geometry.

64. Schumacher, Patrik, “DIGITAL—The ‘Digital’ in Architecture and Design,” AA Files No. 76, Architectural Association, London 2019.

65. Schumacher, Patrik, “Parametricism: The Next Decade,” a+u Architecture+Urbanism 2020:04, No. 595, Feature: Computational Discourses.

66. Schumacher, Patrik, “Social Performativity: Architecture's Contribution to Societal Progress,” in: The Routledge Companion to Paradigms of Performativity in Design and Architecture: Using Time to Craft an Enduring, Resilient and Relevant Architecture, ed. Mitra Kanaani, Routledge, Taylor & Francis, New York & London 2020.

67. Schwab, Klaus, “The Fourth Industrial Revolution,” World Economic Forum, 2016.

68. Semper, Gottfried, Style in the Technical and Tectonic Arts, or Practical Aesthetics, Getty Publications, Los Angeles 2004, German original: Der Stil in den Technischen und Tektonischen Kuensten; oder Praktische Aesthetik: Ein Handbuch fuer Techniker, Kuenstler und Kunstfreunde, Vol.1 Verlag fuer Kunst und Wissenschaft, Frankfurt am Main 1860; Vol. 2 Bruckmann Verlag, Munich 1863.

69. Semper, Gottfried, “Ueber Baustile (On Architectural Styles),” in: Gottfried Semper, Wissenschaft, Industrie und Kunst, Neue Bauhausbuecher, Florian Kupferberg, Mainz/ Berlin 1966.

70. Spyropoulos, Theodore, Adaptive Ecologies: Correlated Systems of Living, Architectural Association, London 2013.

71. Steele, Brett (ed.), Corporate Fields—New Office Environments by the AADRL, AADRL Documents 1, AA Publications, Architectural Association School of Architecture, London 2005.

72. Viollet le Duc, E. E., Lectures on Architecture, 2 vols (1863, 1872), translated by B. Bucknall (1877, 1881), Dover Publications, New York, 1987.

73. Vrachliotis, G. (ed.), Frei Otto—Denken in Modellen, Specter Books, Leipzig 2016.

74. Woodbury, Robert, Elements of Parametric Design, Routledge, London/New York 2010.

75. Yuan, Philip, “Parametric Regionalism,” AD Parametricism 2.0—Rethinking Architecture's Agenda for the 21st Century, editor: H. Castle, guest-edited by Patrik Schumacher, AD Profile #240, March/April 2016.

76. Yuan, P., Menges, A., & Leach, N. (eds.), Digital Fabrication, Tongji University Press, Shanghai 2018.

图片版权

所有图片均由帕特里克·舒马赫提供，以下页面除外（在主页面上，图片从左到右、从上到下呈现）。

©in3dP116 下图左 1，下图右 2

AADRL P72

Iwan Baan P26 下图

Virgile Simon Bertrand P50，P51，P92，P93

Hélène Binet P24，P25，P60 左下图

Philippe Block（BRG） P79 左图

BRG P79 右图

Richard Bryant P34 右图

Daniel Chung P60 右上图

Alessandro Dell' endice P116 下图左 2，下图右 1

Ivan Dupont 扉页图，P90

Hans Georg Esch P96 左图

Julian Faulhaber/ VG Bild-Kunst/Copyright Agency P60 右下图

Luke Hayes P67，P68 左上图、左下图、右下图，P69，P70，P71，P113

Hufton+Crow P60 左上图，P83 右图，P84，P85，P86 下 3 张图，P87，P88，P89，P96 右图 ,P98，P99，P101，P147，P152

Werner Huthmacher P26 上 3 张图、中间图

Delfino Sisto Legnani+Marco Cappelletti P115

Naaro P117 左下图，P118，P119

Odico P112 下图

Sergio Pirrone P108 下 3 张图，P163

RoboFold P108 上图左 2、上图右 1

Mirren Rosie P120 左图

Stratasys P114 右 2 图

Alejandro Vazquez P35 右图

Zaha Hadid Architects P18 右 2 图、右 1 图，P35 左图，P36，P37 右图，P38，P39，P44，P45，P46，P54，P56，P57，P73，P74，P75，P77 左上图、右上图、左下图，P80，P86 上 4 张图，P100，P102，P103，P104，P105，P108 左 1 图，P112 上图，P114 左 1 图、左 2 图、右 1 图，P116 上 4 张图，P117 上图，P122，P144

夏至 P78

项目版权

山地火车站，因斯布鲁克，奥地利，2004—2007 年

设计：Zaha Hadid&Patrik Schumacher

项目建筑师：Thomas Vietzke

设计团队：Jens Borstelmann，Markus Planteu

施工团队：Caroline Andersen，Makakrai Suthadarat，Marcela Spadaro，Anneka Wagener，Adriano di Gionnis，Peter Pichler，Susann Berggren

立面规划：Pagitz Metalltechnik GMBH

承包商：Strabag AG（总体）；Leitner GmbH（引擎和电缆）

规划顾问：ILF Beratende Ingenieure ZT，Gessellschaft GmbH，Malojer Baumanagement GmbH

结构工程师：Bollinger Grohmann Schneider（屋顶）；Baumann & Obholzer ZT_GmbH（混凝土地基）

桥梁工程师：ILF Beratende Ingenieure ZT，Gessellschaft GmbH

灯光：Zumbotel Lighting GmbH

东大门设计中心广场和公园，首尔，韩国，2007—2014 年

设计：Zaha Hadid&Patrik Schumacher

项目负责人：Eddie Can，Chiu-Fai

项目经理：Craig Kiner，Charles Walker

项目团队：Kaloyan Erevinov，Martin Self，Hooman Talebi，Carlos S. Martinez，Camiel Weijenberg，Florian Goscheff，Maaike Hawinkels，Aditya Chandra，Andy Chang，Arianna Russo，Ayat Fadaifard，Josias Hamid，Shuojiong Zhang，Natalie Koerner，Jae Yoon Lee，Federico Rossi，John Klein，Chikara Inamura，Alan Lu

竞赛团队：Kaloyan Erevinov，Paloma Gormley，Hee Seung Lee，Kelly Lee，Andres Madrid，Deniz Manisali，Kevin McClellan，Claus Voigtmann，Maurits Fennis

工程师：Arup（结构，维护，灯光、音像顾问）；Gross Max（景观设计师）；Group 5F（外墙顾问）；Evolute（几何构造顾问）；Davis Langdon & Everest（施工技术员）

当地建筑师：Samoo Architects

当地顾问：Postech（结构）；Samoo Mechanical Consulting（SMC）（机械）；Samoo TEC（电气及电讯）；M&C（立面）；Saegil Engineering & Consulting（土木）；Dong Sim Won（景观）；Korean Fire Protection Engineering（消防）；Huel Lighting Design（灯光）；Kyoung Won（施工技术员）；Josun（文化遗产）；OSD（声学）；RMS Technology（噪声，震动）；Daeil ENC（能源分析）；Doall CMC（维护）；Soosung Engineering（环境影响）；Sewon P&D（规划许可）

菲诺科学中心，沃尔夫斯堡，德国，2000—2005 年

建筑师：Zaha Hadid Architects & Mayer Bährle Freie Architekten BDA (Germany)

设计：Zaha Hadid&Patrik Schumacher，with Christos Passas

项目建筑师：Christos Passas

助理建筑师：Sara Klomps

项目团队：Sara Klomps，Gernot Finselbach，David Salazar，Helmut Kinzler

竞赛团队：Christos Passas，Janne Westermann，Chris Dopheide，Stanley Lau，Eddie Can，Yoash Oster，Jan Hubener，Caroline Voet

参与者：Silvia Forlati，Guenter Barczik，Lida Charsouli，Marcus Liermann，Kenneth Bostock，Enrico Kleinke，Constanze Stinnes，Liam Young，Chris Dopheide，Barbara Kuit，Niki Neerpasch，Markus Dochantschi

Mayer Bährle architects：Rene Keuter，Tim Oldenburg（项目建筑师）；Sylvia Chiarappa，Stefan Hoppe，Andreas Gaiser，Roman Bockemühl，Annette Finke，Stefanie Lippardt，Marcus Liermann，Jens Hecht，Christoph Volkmar（项目团队）

结构工程师：[Adams Kara Taylor (United Kingdom)] Hanif Kara (Principal), Paul Scott (Project engineer)；[Tokarz Freirichs Leipold（Germany）] Lothar Leipold，Prof. Bernhard Tokarz

维护工程师：NEK（Germany）；Buro Happold（Berlin, London）

造价咨询：Hanscomb GmbH（Germany）

灯光顾问：Fahlke & Dettmer（Germany）；Office for Visual Interaction（United States）

布里斯班住宅塔楼，昆士兰，澳大利亚，2014 年

设计：Zaha Hadid&Patrik Schumacher

项目总监：Michele Pasca di Magliano

项目助理：Maurizio Meossi

项目建筑师：Rafael Contreras

项目团队：Subharthi Guha，Arya Safavi，Cristina Capanna，Veronica Erspamer，Brad Holt，Stefano Paiocchi，Megan Burke，Michael Rogers，Paola Salcedo，Andrew Haas，Gaganjit Singh，Natasha Gill，Grace Chung，Luca Ruggeri，David Fogliano，Juan Camilo Mogollon，Effie Kuan，Andrea Balducci Caste，Domenico Di Francesco，Sobitha Ravichandran，Demetris Alexiou，Monir Karimi，Eleni Mente

结构工程师：Hyder Consulting

项目顾问：EMF Griffiths（楼宇维护工程师）；Conrad Gargett Riddel（当地建筑师）；Rider Levett Bucknall（施工技术员）；AECOM（外墙顾问）；Form（景观设计师）；Brown Consulting（土木工程师）；Wolter Consulting Group（规划顾问）；TTM Consulting Pty Ltd（交通工程师）；Acousticworks（声学顾问）

青岛文化中心，青岛，中国，2013 年

设计：Zaha Hadid&Patrik Schumacher

项目总监：Nils Fischer，Shao-wei Huang

项目建筑师：Sebastian Andia

设计团队：Ashwin Shah，Chang Cui，Chao Wei，Ho-ping Hsia，Konstantinos Mouratidis，MengChan Tang，Mu Ren，Nicholette Chan，Suryansh Chandra，Yue Shi，Yung-Chieh Huang

博物馆顾问：Lord Cultural Resources

表演顾问：Anne Minors Performance Consultants

工程师：Buro Happold（结构，外墙，可持续设计，环境和照明）

总统府，阿尔及尔，阿尔及利亚，2011—2017 年

设计：Zaha Hadid&Patrik Schumacher

项目总监：Charles Walker

项目建筑师：Hussam Chakouf，Stephane Vallotton

建筑团队：Nassim Eshagi，Nils Fischer，Reda Kessanti，Leonid Krykhtin，Bechara Malkoun，Marie-Perrine Placais，Joris Powels，Frenji Koshy，Zohra Rougab，Elena Scripelliti，Michael Sims，Armando Solano，Stephane Vallotton，Mark Winnington，Fulvio Wirz，Lei Zheng

扎哈·哈迪德建筑事务所计算设计部门团队：Shajay Booshan，Mostafa El Sayed，Suryansh Chandra，David Reeves

咨询顾问：Dar Al-Handasah（工程 & 造价）；AKT II（结构工程）；Gross Max（景观）；Newtecnic（外墙）

紫丁，蛇形画廊，伦敦，英国，2007 年

设计：Zaha Hadid&Patrik Schumacher

项目建筑师：Kevin McClellan

统筹：Harriet Warden

结构工程：Arup

钢结构制造：Sheetfabs Ltd

膜制备：Base Structures Ltd

灯光：Zumtobel Lighting GmbH

北蛇形画廊，海德公园，伦敦，英国，2009—2013 年

设计：Zaha Hadid&Patrik Schumacher

项目总监：Charles Walker

项目主管：Ceyhun Baskin，Inanc Eray（第一阶段）；Thomas Vietzke，Jens Borstelmann（第二阶段）；Fabian Hecker（第三阶段）

项目团队：Torsten Broeder，Timothy Schreiber，Laymon Thaung，David Campos，Suryansh Chandra, Matthew Hardcastle, Dillon Lin, Marina Duran Sancho, Jianghai Shen（第二阶段）；

Torsten Broeder，Anat Stern，Timothy Schreiber，Marcela Spadaro，Inanc Eray，Ceyhun Baskin，Elke Presser，Claudia Wulf（第三阶段）；Melodie Leung，Maha Kutay，Claudia Glas-Dorner，Evgeniya Yatsyuk，Kevin Sheppard，Carine Posner，Maria Leni Popovici，Loulwa Bohsali，Karine Yassine，Steve Blaess（餐厅布置 & 礼品店）

咨询顾问：Liam O’Connor Architects（遗产保护），Isometrix（London）（灯光）；Arup（结构，维护 & 消防）；Sefton Horn Winch（厨房）；DP9（规划）；Rise（项目管理）；Gleeds（造价）

结构：Gleeds（合同管理）；OAG Optima（玻璃）；Alias（座椅制造商）；Stage One（厨房 / 酒吧 & 餐桌制造商）；Nick Lander（餐厅顾问）

数学馆，科学博物馆，伦敦，英国，2014—2016 年

设计：Zaha Hadid&Patrik Schumacher

扎哈·哈迪德建筑事务所项目总监：Charles Walker

扎哈·哈迪德建筑事务所项目高级助理：Bidisha Sinha

扎哈·哈迪德建筑事务所项目助理：Shajay Bhooshan

扎哈·哈迪德建筑事务所项目团队：Vishu Bhooshan，Henry Louth，David Reeves，Nhan Vo，Mattia Santi，Sai Prateik Bhasgi，Karthikeyan Arunachalam，Tommaso Casucci，Marko Margeta，Filippo Nassetti，Mostafa El Sayed，Suryansh Chandra，Ming Cheong，Carlos Parraga-Botero，Ilya Pereyaslavtsev，Ramon Weber

咨询顾问：Arup（结构，机电设备，灯光）；Lendlease（项目经理）；Gardiner&Theobald（数据管理 & 造价）

施工团队：Paragon（主体建设）；ODICO（长凳制造商）；Bolidt（地板）；Reier（陈列）

2020 年东京奥运会主体育场，东京，日本，2014 年

设计：Zaha Hadid&Patrik Schumacher

项目总监：Jim Heverin，Cristiano Ceccato

项目建筑师：Paulo Flores

设计核心团队：Rafael Contreras，Antonio Monserrat，Fernando Poucell，Irene Guerra，Junyi Wang，Karoly Markos

东京支持团队：Yoshi Uchiyama，Ben Kikkawa

重访坎德拉装置，北京，中国，2013 年

设计：Patrik Schumacher，Shajay Bhooshan，Philipp Ostermaier，Mostafa El Sayed，Suryansh Chandra，Saman Saffarian，Vishu Bhooshan

协调 & 执行：Satoshi Ohashi，Feng Lin，Jingwen Yang，Xuexin Duan

工程：[Bollinger Grohmann Schneider（Vienna）] Robert Vierlinger，Moritz Heimrath，Clemens Preisinger，Arne Hofmann

装配：[Cabr Technology Co., Ltd.（Beijing）] Congzhen，Xiao Tao Song，Feng Liu，Hui Kong

编织坎德拉项目，墨西哥城，墨西哥

设计：[ZHA CODE] Filippo Nassetti，Marko Margeta，David Reeves，Leo Beiling，Federico Borello，Henry David Louth，Vishu Bhooshan，Shajay Bhooshan，Patrik Schumacher

工程：[Block Research Group（BRG）/ETH Zürich] Mariana Popescu，Matthias Rippmann，Lex Reiter（Institute for Biomechanics，ETH Zürich），Andrew Liew，Tom Van Mele，Robert Flatt（Institute for Biomechanics，ETH Zürich），Philippe Block

Architecture extrapolated（R-Ex）：Horacio Bibiano Vargas，José Manuel Diaz Sánchez，Asunción Zúñiga，Agustín Lozano Álvarez，Miguel Juárez Antonio，Filiberto Juárez Antonio，Daniel Piña，Daniel Celin，Carlos Axel Pérez Cano，José Luis Naranjo Olivares，Everardo Hernandez，Alicia Nahmad Vázquez

VOLU 餐厅，设计迈阿密，迈阿密，美国，2015 年

设计：Zaha Hadid&Patrik Schumacher

设计团队：Shajay Bhooshan，Henry Louth，David Reeves，Maha Kutay，Woody Yao

安装协调：Ilya Pereyaslavtsev

动画：David Reeves，Filippo Nasetti，Tommaso Casucci，Ilya Pereyaslavtsev

几何产品开发：Benjamin Koren（One to One）

制造商：Ackermann

北京大兴国际机场，北京，中国，2014—2019 年

设计（扎哈·哈迪德建筑事务所）：Zaha Hadid&Patrik Schumacher

项目总监（扎哈·哈迪德建筑事务所）：Cristiano Ceccato，Charles Walker，Mouzhan Majidi

项目设计总监（扎哈·哈迪德建筑事务所）：Paulo Flores

项目设计建筑师（扎哈·哈迪德建筑事务所）：Lydia Kim

项目协调（扎哈·哈迪德建筑事务所）：Eugene Leung，Shao-Wei Huang

项目团队（扎哈·哈迪德建筑事务所）：Uli Blum，Antonio Monserrat，Alberto Moletto，Sophie Davison，Carolina Lopez-Blanco，Shaun Farrell，Junyi Wang，Ermis Chalvatzis，Rafael Contreras，Michael Grau，Fernando Poucell，Gerry Cruz，Filipa Gomez，Kyla Farrell，Natassa Lianou，Teoman Ayas，Peter Logan，Yun Zhang，Karoly Markos，Irene Guerra

北京团队（扎哈·哈迪德建筑事务所）：Satoshi Ohashi，Rita Lee，Yang Jingwen，Lillie Liu，Juan Liu

当地设计机构：Beijing Institute of Architectural Design（Group）Co. Ltd（BIAD），China Airport Construction Company

联盟团队（竞赛阶段）：Pascall+Watson，BuroHappold Engineering，Mott MacDonald，EC Harris Consultants，McKinsey & Company，Dunnett Craven，Triagonal，Logplan，Sensing Places，SPADA

安全系统 & 行李系统设计：China IPPR International Engineering Co. Ltd.

信息 & 弱电系统设计：China Electronics Engineering Design Institute + Civil Aviation Electronic Technology Co. Ltd.

防火性能设计：Arup

公共艺术：Central Academy of Fine Arts

绿色技术：Beijing TsingHua TongHeng Urban Planning & Design Institute

BIM 设计：DTree Ltd.

建筑立面：XinShan Curtainwall Ltd.，Beijing Institute of Architectural Design（Group）Co. Ltd（BIAD）（Complex Structure Division）

地铁系统：Lea+Elliott

灯光：Gala Lighting Design Studio

标志系统：East Sign Design&Engineering Co. Ltd.（East）

景观：Beijing Institute of Architectural Design（Group）Co. Ltd（BIAD）（Landscape Design Division）

千号博物馆公寓，迈阿密，美国，2012—2020 年

设计：Zaha Hadid&Patrik Schumacher

项目总监：Chris Lepine

项目团队：Alessio Costantino，Martin Pfleger，Oliver Bray，Theodor Wender，Irena Predalic，Celina Auterio，Carlota Boyer

竞赛团队：Sam Saffarian，Eva Tiedemann，Brandon Gehrke，Cynthia Du，Grace Chung，Aurora Santana，Olga Yatsyuk

当地建筑师：O’ Donnell Dannwolf & Partners

工程：DeSimone Consulting Engineers（结构）；HNGS Consulting Engineers（机电设备）；Terra Civil Engineering（土木）

景观：Enea Garden Design

消防：SLS Consulting Inc.

垂直运输：Lerch Bates Inc.

风洞顾问：RWDI Consulting Engineers&Scientists

新濠天地摩珀斯独家酒店，澳门，中国，2013—2018 年

设计：Zaha Hadid&Patrik Schumacher

项目总监（扎哈·哈迪德建筑事务所）：Viviana Muscettola，Michele Pasca di Magliano

外墙总监（扎哈·哈迪德建筑事务所）：Paolo Matteuzzi

项目建筑师（扎哈·哈迪德建筑事务所）：Michele Salvi，Bianca Cheung，Maria Loreto Flores，Clara Martins

项目团队（扎哈·哈迪德建筑事务所）：Miron Mutyaba，Milind Khade，Pierandrea Angius，Massimo Napoleoni，Stefano Iacopini，Davide Del Giudice，Luciano Letteriello，Luis Migue Samanez，Cyril Manyara，Alvin Triestanto，Muhammed Shameel，Goswin Rothenthal，Santiago Fernandez-Achury，Vahid Eshraghi，Melika Aljukic

室内团队（扎哈·哈迪德建筑事务所）：Daniel Fiser，Thomas Sonder，Daniel Coley，Yooyeon Noh，Jinqi Huang，Mirta Bilos，Alexander Kuroda，Gaganjit Singh，Marina Martinez，Shajay Bhooshan，Henry Louth，Filippo Nassetti，David Reeves，Marko Gligorov，Neil Rigden，Milica Pihler-Mirjanic，Grace Chung，Mario Mattia，Mariagrazia Lanza

概念团队（扎哈·哈迪德建筑事务所）：Viviana Muscettola，Tiago Correia，Clara Martins，Maria Loreto Flores，Victor Orive，Danilo Arsic，Inês Fontoura，Fabiano Costinanza，Rafael Gonzalez，Muhammed Shameel

执行建筑师：Leigh&Orange（Hong Kong）

当地建筑师：CAA City Planning & Engineering Consultants（Macau）

结构工程：Buro Happold International（London/Hong Kong）

机电工程：J. Roger Preston

外墙工程：Buro Happold International（Hong Kong）

第三方评审：Rolf Jensen&Associates

其他室内设计师：Remedios Studio（Hong Kong）（客房，一层 VIP 大厅，3 层水疗 & 健身房，40 层游泳池甲板 & 游泳池别墅）；Westar Architects International（2 层游戏区，丽莹餐厅，42 层游戏沙龙）；Jouin Manku（3 层阿兰·杜卡斯餐厅）；MC Design（30 层行政酒廊）；Leigh&Orange，Macau（后勤区）

咨询顾问：WT Partnership（Hong Kong）（施工技术员）；Isometrix（London/ Hong Kong）（灯光）；Arup（Hong Kong）（消防工程师）；Shen Milson&Wilke（Hong Kong）（声学顾问）；MVA（Hong Kong）（交通工程师）

阿卜杜拉国王石油研究中心，利雅得，沙特阿拉伯，2009—2017 年

设计：Zaha Hadid&Patrik Schumacher

项目总监：Lars Teichmann，Charles Walker

设计总监：DaeWha Kang

项目现场小组：John Simpson（现场助理），Alejandro Diaz，Anas Younes，Annarita Papeschi，Aritz Moriones，Ayca Vural Cutts，Carlos Parraga-Botero，Javier Rueda，Malgorzata Kowalczyk，Michal Wojtkiewicz，Monika Bilska，Sara Criscenti，Stella Dourtme

项目负责人：Fabian Hecker（研究中心）；Michael Powers（会议中心）；Brian Dale/Henning Hansen（图书馆）；Fulvio Wirz（穆萨拉，IT 中心）；Elizabeth Bishop（外墙，2D 文档）；Saleem A. Jalil/Maria Rodero（总体规划）；Lisamarie Ambia/Judith Wahle（室内）；Bozana Komljenovic（2D 文档）；John Randle（规范）；John Szlachta（3D 文档协调）

项目团队：Adrian Krezlik，Alexander Palacio，Amdad Chowdhury，Amit Gupta，Andres Arias Madrid，Britta Knobel，Camiel Weijenberg，Carine Posner，Claire Cahill，Claudia Glas-Dorner，DaChun Lin，Daniel Fiser，Daniel Toumine，David Doody，David Seeland，Deniz Manisali，Ebru Simsek-Lenk，Elizabeth Keenan，Evan Erlebacher，Fernanda Mugnaini，Garin O' Aivazian，Giorgio Radojkovic，Inês Fontoura，Jaimie-Lee Haggerty，Jeremy Tymms，Julian Jones，Jwalant Mahadevwala，Lauren Barclay，Lauren Mishkind，Mariagrazia Lanza，Melike Altinisik，Michael Grau，Michael McNamara，Mimi Halova，MohammadAli Mirzaei，Mohammed Reshdan，Muriel Boselli，MyungHo Lee，Nahed Jawad，Natacha Viveiros，Navvab Taylor，Neil Vyas，Nicola McConnell，Pedro Sanchez，Prashanth Sridharan，Roxana Rakhshani，Saahil Parikh，Sara Saleh，Seda Zirek，Shaju Nanukuttan，Shaun Farrell，Sophie Davison，Sophie Le Bienvenu，Stefan Brabetz，Steve Rea，Suryansh Chandra，Talenia Phua Gajardo，Theodor Wender，Yu Du

竞赛设计团队：Lisamarie Ambia，Monika Bilska，Martin Krcha，Maren Klasing，Kelly Lee，Johannes Schafelner，Judith Schafelner，Ebru Simsek，Judith Wahle，Hee Seung Lee，Clara Martins，Anat Stern，Daniel Fiser，Thomas Sonder，Kristina Simkeviciute，Talenia Phua Gajardo，Erhan Patat，Dawna Houchin，Jwalant Mahadevwala

咨询顾问：Arup（工程）；Woods Bagot（室内设计）；Gross Max（景观设计）；OVI（灯光设计）；Eastern Quay and GWP（餐饮 & 厨房设计）；Artwork International Art Consultants（展示设计活动）；Elmwood and Bright 3D（品牌 & 标志）；Tribal（图书馆咨询）；Davis Langdon（造价 & 设计项目管理）

伊拉克中央银行，巴格达，伊拉克，2011—2022 年

设计：Zaha Hadid&Patrik Schumacher

项目总监：Jim Heverin

项目助理：Sara Klomps

项目建筑师：Victor Orive

项目团队：Cynthia Du，Danilo Arsic，Electra Mikelides，Fabiano Continanza，Inês Fontoura，Juan Estrada Gomez，Maria Rodero，Ming Cheong，Mohamed Al-Jubori，Muriel Boselli，Osbert So，Peter Irmscher，Rafael Gonzalez，Renee Gao，Sara Criscenti，Thomas Frings

项目团队（深化阶段）：Ana Cajiao，Andy Summers，Daghan Cam，Danilo Arsic，Electra Mikelides，Fabiano Continanza，Ganesh Nimmala，George King，Inês Fontoura，Lisa Curran，Maria Rodero，Ming Cheong，Mohamed Al-Jubori，Monica Jarpa，Rafael Gonzalez;

项目团队（方案阶段）：Ana Cajiao，Andy Summers，Danilo Arsic，Electra Mikelides，Fabiano Continanza，George King，Inês Fontoura，Mohamed Al-Jubori，Rafael Gonzalez，Sophie Davison

概念团队：Charles Walker，Danilo Arsic，Fabiano Continanza，Inês Fontoura，Rafael Gonzalez，Tiago Correia，Victor Orive

当地建筑师（注册建筑师）：Dijlah Consulting Architects&Engineers

工程师：AKT II（London）结构）；Max Fordham（London）（维护）；Newtecnic（London）（外墙）

办公空间规划：AECOM（London）

造价 & 设备管理：Davis Langdon，an AECOM Company（London）

安全 & 物流顾问：Arup Security（London）

消防 & 生命安全：Exova Warringtonfire（London）

景观设计师：Gross Max（Edinburgh）

施工：A2 Project Management（London）

餐饮顾问：Keith Winton Design

展览设计：Event Communications（London）

"海芋"装置，2012 年威尼斯建筑双年展

设计：Zaha Hadid&Patrik Schumacher

计算设计团队：Shajay Bhooshan，Saman Saffarian，Suryansh Chandra，Mostafa El Sayed

结构工程：Rasti Bartek（Buro Happold）

材料及制造工艺：Gregory Epps（RoboFold）

项目支持：Permasteelisa Spa ARTE&Partners

科学博物馆长凳，伦敦，英国，2014—2016 年

设计：Zaha Hadid&Patrik Schumacher

设计团队：Shajay Bhooshan，Henry David Louth，David Reeves，Vishu Bhooshan

协调 & 执行：Charles Walker，Bidisha Sinha，Ming Cheong，Carlos Parraga-Botera，Paragon Graham Sage

制造：ODICO Construction Robotics，Asbjørn Søndergaard，Anders Bundsgaard，Hicon A/S

叶状体装置，米兰设计周，2017 年

设计：Zaha Hadid Architects，Patrik Schumacher

扎哈·哈迪德建筑事务所计算设计部门团队：Shajay Bhooshan，Henry David Louth，Marko Margeta

项目经理：Maha Kutay，Woody Yao，Manon Janssens

主赞助商：OIKOS

参与者：AiBuild（机器人增材制造）；Odico Formwork Robotics（机器人模板）；Armadillo Engineering（金属加工）

3D 打印座椅，2014 年

设计：Zaha Hadid&Patrik Schumacher

设计团队：Shajay Bhooshan, Mostafa El Sayed, Vishu Bhooshan, Maha Kutay, Woody Yao

加工设计 & 3D 打印协调：Mostafa El Sayed, Vishu Bhooshan, Shajay Bhooshan

拓扑优化：Altair, Ajith Narayanan, Sam Patten, Michal Stefuca

3D 打印：Stratasys, Naomi Kaempfer, Boris Belocon, Keren Ludomirski-Zait, Charles Evans

纳加米座椅：升和弓，2018 年

设计：Patrik Schumacher

设计团队：Sebastian Andia

制造（3D 打印）& 推广：Nagami

条纹桥，2021 年威尼斯建筑双年展

设计：Patrik Schumacher；[ZHA CODE] Shajay Bhooshan，Jianfei Chu，Vishu Bhooshan，Henry David Louth；[Block Research Group（BRG）/ETH Zürich] Alessandro Dell’Endice，Tom Van Mele，Philippe Block

结构工程：[Block Research Group（BRG）/ETH Zürich] Alessandro Dell’Endice，Tom Van Mele，Sam Bouten，Philippe Block

制造设计：[Block Research Group（BRG）/ETH Zürich] Shajay Bhooshan，Alessandro Dell’Endice，Tom Van Mele，Sam Bouten，Chaoyu Du；[ZHA CODE] Vishu Bhooshan，Philip Singer，Tommaso Casucci

混凝土 3D 打印：[In3D] Johannes Megens，Georg Grasser，Sandro Sanin，Nikolas Janitsch，Janos Mohacsi

混凝土材料开发：[Holcim] Christian Blachier，Marjorie Chantin-Coquard，Helene Lombois-Burger，Francis Steiner；[LafargeHolcim Spain] Benito Carrion，Jose Manuel Arnau

装配 & 施工：[Bürgin Creations] Theo Bürgin，Semir Mächler，Calvin Graf；[Block Research Group （BRG）/ETH Zürich] Alessandro Dell’Endice，Tom Van Mele

物流：[Block Research Group（BRG）/ETH Zürich] Alessandro Dell’Endice，Tom Van Mele；[Holcim Switzerland & Italy] Michele Alverd；[LafargeHolcim Spain] Ricardo de Pablos，José Luis Romero

更多合作伙伴：Ackermann GmbH（数控木模板）；L2F Architettura（现场测量）；Pletscher（钢支撑）；ZB Laser（氯丁橡胶切割）

术语与专有名词索引

页码是指相应主题所在页码，很多时候术语本身未出现在该页，但页面内容与术语相关。

E

F

G

H

I

J

K

L

M

N

O

P

图书在版编目（CIP）数据

建构主义：21 世纪的建筑学 /（英）帕特里克 · 舒马赫著；闫超，付云伍译 .—桂林：广西师范大学出版社，2023.7
ISBN 978-7-5598-6090-3

Ⅰ . ①建… Ⅱ . ①帕… ②闫… ③付… Ⅲ . ①建筑学 Ⅳ . ① TU-0

中国国家版本馆 CIP 数据核字 (2023) 第 096907 号

建构主义：21 世纪的建筑学
JIANGOU ZHUYI：21SHIJI DE JIANZHUXUE

出 品 人：刘广汉
策划编辑：高　巍
责任编辑：季　慧
助理编辑：马竹音
装帧设计：马韵蕾

广西师范大学出版社出版发行
（广西桂林市五里店路 9 号　　邮政编码：541004
网址：http://www.bbtpress.com）
出版人：黄轩庄
全国新华书店经销
销售热线：021-65200318　021-31260822-898
恒美印务（广州）有限公司印刷
（广州市南沙区环市大道南路 334 号　邮政编码：511458）
开本：787 mm × 1 092 mm　1/16
印张：11.25　字数：135 千
2023 年 7 月第 1 版　2023 年 7 月第 1 次印刷
定价：168.00 元